U0306931

中小学科普经典阅读书系

物理世界奇遇记

［美］乔治·伽莫夫／著 曹越／译

长江出版传媒｜长江文艺出版社

图书在版编目（ＣＩＰ）数据

物理世界奇遇记 /（美）乔治·伽莫夫著；曹越译
. -- 武汉：长江文艺出版社，2020.7
（中小学科普经典阅读书系）
ISBN 978-7-5702-1609-3

Ⅰ．①物… Ⅱ．①乔…②曹… Ⅲ．①物理学－青少
年读物 Ⅳ．①O4-49

中国版本图书馆 CIP 数据核字(2020)第 082051 号

责任编辑：黄柳依　　　　　　　　责任校对：毛　娟
设计制作：格林图书　　　　　　　责任印制：邱　莉　杨　帆

出版：长江出版传媒　长江文艺出版社
地址：武汉市雄楚大街 268 号　　　邮编：430070
发行：长江文艺出版社
http://www.cjlap.com
印刷：武汉中远印务有限公司

开本：640 毫米×970 毫米　　1/16　印张：11.25　　插页：1 页
版次：2020 年 7 月第 1 版　　　2020 年 7 月第 1 次印刷
字数：118 千字

定价：22.00 元

版权所有，盗版必究（举报电话：027—87679308　　87679310）
（图书出现印装问题，本社负责调换）

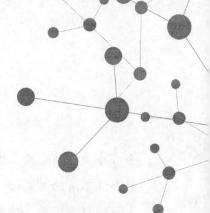

经·典·阅·读·书·系

总 序

叶永烈

放在你面前的这套"中小学科普经典阅读书系"，是从众多科普读物中精心挑选出来的适合中小学生阅读的科普经典。

少年强，则中国强。科学兴，则中国兴。广大青少年，今天是科学的后备军，明天是科学的主力军。在作战的时候，后备力量的多寡并不会马上影响战局，然而在决定胜负的时候，后备力量却是举足轻重的。

一本优秀、生动、有趣的科普图书，从某种意义上讲，就是这门科学的"招生广告"，把广大青少年招募到科学的后备军之中。

优秀科普图书的影响，是非常深远的。

这套"中小学科普经典阅读书系"的作者之一高士其，是中国著名老一辈科普作家，也是我的老师。他在美国留学时做科学实验，不慎被甲型脑炎病毒所感染，病情日益加重，以致全身瘫痪，在轮椅上度过一生。他用只有秘书、亲属才听得懂的含混不清的"高语"口授，秘书记录，写出一本又一本脍炙人口的科普图书。他曾经告诉我这样的故事：有一次，他因病住院，一位中年的主治大夫医术高明，很快就治好了他的病，令他十分佩服。出院时，高士其请秘书连声向这位医生致谢，她却笑着对高士其说："应该谢谢您，因为我在中学时读过您的《菌儿自传》《活捉小魔王》，爱上了医学，后来才成为医生的。"

这样的事例，不胜枚举。

就拿著名科学家钱三强来说，他小时候的兴趣变幻无穷，喜欢唱歌、画画、打篮球、打乒乓、演算算术……然而，当他读了孙中山先生的重要著作《建国方略》（一本讲述中国发展蓝图的图书）后，深深被书中描绘的科学远景所吸引，便决心献身科学。他属牛，从此便以一股子"牛劲"钻研物理学，成为核物理学家，成为新中国"两弹一星"元勋、中国科学院院士。

蔡希陶被人们称为"文学留不住的人"，尽管他小时候酷爱文学，写过小说，但是当他读了一本美国人写的名叫《一个带着标本箱、照相机和火枪在中国的西部旅行的自然科学家》的记述科学考察的书后，便一头钻进生物学王国，后来成为著名植物学家、中国科学院院士。

著名的俄罗斯科学家齐奥科夫斯基把毕生精力献给了宇宙航行事业，那是因为他小时候读了法国作家儒勒·凡尔纳的科学幻想小说《从地球到月球》，产生了变幻想为现实的强烈欲望，从此开始研究飞出地球去的种种方案。

　　童年往往是一生中决定志向的时期。人们常说："十年树木，百年树人。"苗壮方能根深，根深才能叶茂。只有从小爱科学，方能长大攀高峰。"发不发，看娃娃。"一个国家科学技术将来是否兴旺发达，要看"娃娃们"是否从小热爱科学。

　　中国已经站起来，富起来，正在强起来。中国的强大，第一支撑力就是科学技术。愿"中小学科普经典阅读书系"的广大读者，从小受到科学的启蒙，对科学产生浓厚的兴趣，长大之后成为中国方方面面的科学家，担负中国强起来的重任。

2019 年 5 月 22 日于上海"沉思斋"

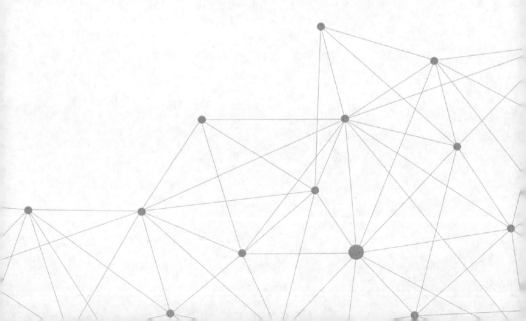

目 录

Contents

1 城市限速

那天是银行假日，城里一家大银行的小职员汤普金斯先生睡到很晚，悠闲地吃了一顿轻松的早餐。他开始计划如何度过这一天。他首先考虑下午去看一场电影。然后他打开早报，翻到娱乐版。但是没有一部电影对他有吸引力。他讨厌好莱坞的所有这些东西，流行明星之间总是有无穷无尽的风流韵事。

如果至少有一部电影有一些真实的冒险经历，有一些不寻常的甚至可能是奇幻的东西就好了。但是没有。出乎意料的是，他的目光落在了角落里的一张小布告上。当地大学正在举办一系列关于现代物理学问题的讲座，而今天下午的讲座是关于爱因斯坦的相对论的。嗯，那可能有点意思！他常听人说，世界上只有十二个人真正理解爱因斯坦的理论。也许他可以成为第十三个人！他当然会去听讲座；这也许正是他所需要的。

讲座开始后，他才到达了大学的大礼堂。教室里坐满了学生，大多是年轻人，他们全神贯注地听着黑板旁边那个留着白胡子的高个子男人，他正向听众解释相对论的基本思想。但是汤普金斯先生只能理解到爱因斯坦理论的全部要点是存在一个最大的速度——光速，任何运动的物体都无法超越它，这一事实导致了非常奇怪和不寻常的结果。然而，教授说，由于光速是 300000 千米/秒，相对论效应很难在日常生活中观察到。但是，这些不同寻常的现象的性

质，实在难以理解，汤普金斯先生觉得，这一切都与常识相矛盾。当他的头慢慢地垂到肩膀上时，他正在试图想象测量杆的收缩和钟表的奇怪行为——如果它们以接近光速的速度运动时，就会产生这种效应。

当他再次睁开眼睛时，他发现自己不是坐在教室的长凳上，而是坐在市政府为方便候车的乘客而安装的长凳上。那是一座美丽的古城，街道两旁是中世纪的学院建筑。他怀疑自己一定是在做梦，但令他吃惊的是，他周围并没有什么异常的事情发生。甚至站在对面角落里的警察看上去也和平常的警察一样。街上高塔上大钟的指针指向五点，街上几乎空无一人。一个骑自行车的人沿着街道慢慢地走过来，当他走近时，汤普金斯先生惊讶地睁大了眼睛。因为自

不可思议的缩短了

行车和自行车上的年轻人在运动的方向上被不可思议地缩短了，就好像是通过一个圆柱形的镜头看到的人一样。钟楼上的钟敲了五下，骑自行车的人显然很着急，更使劲地踩着踏板。汤普金斯先生没有注意到他的速度提高了很多，但汤普金斯先生注意到，他又缩短了一些，他继续沿着街边骑去，他看上去就像是用硬纸板剪下来的一个纸片人。

这时，汤普金斯先生感到非常自豪，因为他能理解发生在自行车上的事情——这只不过是移动物体的收缩，他刚才听到的。他总结道："很明显，这里的自然速度限制要低一些，这就是为什么角落里的警察看起来那么懒，他不需要注意超速者。"事实上，此时此刻，一辆出租车在街上行驶，发出天大的噪音，也没有比骑自行车的人快多少，依旧是龟速前进。汤普金斯先生决定超过那个骑自行车的人。那个骑自行车的人看上去很善良，汤普金斯先生决定追上他一探究竟。在确定警察没有注意他之后，汤普金斯先生骑上了一辆路边的自行车——他也不知道自行车的主人是谁，然后沿着街道疾驰。

城市的街道依旧在缩短

他以为自己马上就会瘦下来，为此他感到很高兴，因为近来他那越来越胖的身材使他有些焦虑不安。然而，令他大为惊讶的是，他和他的自行车什么事也没发生。另一方面，他周围的景象完全改变了。街道变得越来越短，商店的窗户开始看起来像窄缝，街角的警察成了他所见过的最瘦的人。

"噢，苍天啊！"汤普金斯先生激动地叫道，"我现在明白你的把戏了。这就是相对论这个词的由来。所有相对于我运动的东西在我看来都更短，不管谁踩踏板！"汤普金斯先生是一名优秀的自行车手，正在竭尽全力超越这个年轻人。但是他发现，要骑这辆自行车加速并不容易。尽管他竭尽全力踩踏板，但提高的速度几乎可以忽略不计。他的双腿已经开始酸痛起来，但仍然无法比刚开始时更快地通过拐角处的灯柱。看来他为加快速度所做的一切努力都是白费的。现在，他非常明白，为什么刚才遇到的骑自行车的人和出租车不能做得更好。他还想起了教授关于无法超越极限光速的言论。然而，他注意到，街区变得越来越短，在他前面的骑自行车的人现在看上去并不遥远。在第二个转弯时，他超越了骑自行车的人，当他们肩并肩骑了一会儿之后，他惊奇地发现骑自行车的人实际上是一个很普通的、看起来很擅长运动的精神小伙儿。"哦，那一定是因为我们彼此之间没有相对运动，"他总结道。他开始和那个年轻人聊天。

"对不起，先生！他说，"你不觉得住在限速这么慢的城市里不方便吗？"

"限速吗？对方惊讶地反问道，"我们这儿没有速度限制。我想去哪儿就能去哪儿，想多快就能有多快，或者这样说，如果我有一辆摩托车，而不是这辆什么也干不了的旧自行车，我就能做到！"

汤普金斯先生说："可是你刚才从我身边经过时走得很慢，我特别注意到你。"

汤普金斯先生说："但是，当你刚过去时，你的动作非常缓慢。""我特别注意到你。"

"哦，是这样吗，是吗？"年轻人反问道，他显然很生气。"我想你没有注意到，自从你第一次同我讲话以来，我们已经走过了五个街区。对你来说还不够快吗？"

"但是街道变得如此短。"汤普金斯先生争辩道。

"不管怎样，无论是我们走得快还是街道变短，这又有什么不同呢？我得走十个街区才能到邮局，如果我努力地踩脚踏车，这些街区就会变短，我就能更快到达那里。事实上，我们到了。"年轻人说着从自行车上下来。

汤普金斯先生看了看邮局的钟，钟上显示的是五点半。"好！"他得意扬扬地说，"不管怎么说，走过这十个街区花了你半个小时——我第一次见到你的时候，正好是五点钟！"

"你注意到这半个小时了吗？"他的同伴问。汤普金斯先生不得不承认，在他看来，似乎只有几分钟的时间。而且，他看了看自己的手表，那儿只显示了 5 点零 5 分。"啊！"他说，"邮局的钟快了吗？""当然是啦，要不就是你的表走得太慢了，因为你一直走得太快了。""你到底怎么了？你是从月亮上掉下来的吗？"年轻人走进了邮局。

谈话结束后，汤普金斯先生意识到，老教授没有及时向他解释这些奇怪的事情是多么不幸。这个年轻人显然是这儿土生土长的人，甚至在他学会走路之前就已经习惯了这种状态。因此汤普金斯先生被迫独自探索这个陌生的世界。他把他的手表放在邮局的钟旁边，

为了确保它没问题，他等了十分钟。他的手表确确实实没有问题。汤普金斯先生沿着街道继续前进，他终于看到了火车站，他决定再看看手表。令他吃惊的是，它又慢了不少。"哦，这也一定是某种相对论效应，"汤普金斯先生总结道，他于是决定向某个比那个骑自行车的年轻人更聪明的人请教这些奇怪的事情。

机会很快就来了。一位四十多岁的绅士下了火车，开始朝着出口走去。在外面迎接他的是一位年纪很大的老太太，令汤普金斯先生大为惊讶的是，这位老太太称绅士为"亲爱的祖父"。这对于汤姆金斯先生来说实在是太难以理解了。他借口帮他们搬行李，开始和他们攀谈起来。

"对不起，如果我干涉了你们的私事，"他说，"但是您真的是这位老太太的祖父吗？您看，我对这儿很陌生，我从来没有……""哦，我明白了，"这位嘴上留着胡子的绅士微笑着说，"我想您是把我当成了流浪的犹太人或类似的流浪者。但事情真的很简单。我的工作需要我经常出差，而且，由于我一生大部分时间都是在火车上度过的，我自然比住在城市里的亲戚们老得慢得多。我真高兴我回来得及时，看到我亲爱的小孙女还活着！但是现在不得不请您原谅，我得上出租车去照顾她，"说完他就匆匆离开了，留下汤普金斯先生独自一人面对自己的疑问。从车站自助餐上买的几个三明治多少增强了他的思维能力，他甚至宣称自己发现了著名的相对论原理中的矛盾之处。

"是的，当然可以，"他一面喝着咖啡，一面思考，"如果他们都是亲戚的话，这个旅客在他的亲戚们看来就会是一个非常老的人，而在他的亲戚们看来，他们也会是非常老的人，虽然实际上双方都可能是相当年轻的人。但我现在说的绝对是废话：一个人不可能有相对灰白的头发！于是，他决定做最后一次尝试，弄清事情的真相。他转向坐在餐车里的一个穿铁路制服的孤独男子。

"先生，"他开始说，"请您告诉我，火车上的乘客比总是住在一个地方的人衰老得慢得多，是谁造成的，好吗？"

"这是我的责任。"那人简单明了的回答。

"啊！"汤普金斯先生叫道。"这么说，您已经解决了古代炼金术士的魔法石的问题了。您应该是医学界相当有名的人。您在这里担任医学主席吗？"

"不，"那人回答，他明显被汤姆金斯先生的话吓了一跳，"我只是这条铁路上的一个司闸工。"

"司闸工！您说您是一个司闸工……"汤普金斯先生尖叫道，他感到一阵晕眩。"您是说您的工作就是当火车进站时踩刹车吗？"

"是的，这就是我要做的：每当火车减速时，乘客的年龄就会相对于其他人增加。"当然，"他还谦虚地补充说，"给列车加速的发动机驾驶员也应尽自己的职责。"

"但是这和保持年轻有什么关系呢？"汤普金斯先生惊奇地问道。

"好吧，我确实不太清楚，"司闸工说，"但事实又确实如此。有一次，我问一位乘坐我的火车旅行的大学教授，这是如何发生的，他就此发表了一段很长的、令人费解的演讲，最后说，这是一种类似于'引力红移'的东西，您是否听说过诸如红移之类的事情？"

"不——不——"汤普金斯先生有点怀疑地说，那个司闸工摇着头走了。

突然，一只沉重的手摇了摇他的肩膀，汤普金斯先生发现自己不是坐在车站的咖啡馆里，而是坐在他一直在听教授讲课的大礼堂

的椅子上。灯光暗了下来，房间里空无一人。把他叫醒的看门人说："我们正在关门，先生。如果您想睡觉，最好回家去。"汤普金斯先生站起来，朝出口走去。

2 那场将汤普金斯先生带入梦乡的相对论讲座

女士们和先生们：

在一个非常原始的发展阶段，人类的思想就形成了对空间和时间的明确概念，作为不同事件发生的框架。这些概念在没有实质性改变的情况下代代相传，并且自从精确科学发展以来，它们已被构建为用数学描述宇宙的基础。伟大的牛顿也许是第一个对空间和时间的经典概念给出明确表述的人，他在《自然哲学的数学原理》中写道：

> 绝对的空间，就其本身的性质而言，不与任何外在的东西相联系，始终是相似和不可移动的；绝对的、真实的、数学的时间，就其本身而言，从其自身的性质出发，平等地流动，不与任何外在的东西相联系。

人们对于这些关于空间和时间的古典思想深信不疑，认为它们是绝对正确的。以至于哲学家们常常认为这些思想是先验的，甚至没有科学家考虑怀疑它们的可能性。

然而，就在 20 世纪初，很明显的是，如果以古典的时空框架来

解释，通过最精密的实验物理学方法获得的许多结果将导致明显的矛盾。这一事实给当代最伟大的物理学家之一阿尔伯特·爱因斯坦带来了革命性的思想，除了传统的理由外，几乎没有任何理由将关于时空的古典观念视为绝对真实，人们可以同样也应该予以改变，以适应我们新的、更精密的实验。事实上，由于古典的时空概念是根据平常生活中人们的经验来拟定的，因此，我们不应该惊讶于今天基于先进的实验技术而完善的观测方法表明这些古老的概念是太粗糙和不精确的，它们在普通生活和物理学发展的早期阶段通行无阻，只是因为它们与正确概念的偏差足够小。我们也不必感到惊讶，现代科学探索领域的扩大会把我们带到一些地方，在那里，这些偏差变得如此之大，以至于古典的概念根本无法适用。

导致我们对古典概念进行根本性批判的最重要的实验结果是科学家们发现了这样一个事实：真空中的光速代表了所有可能的物理速度的上限。这个重要而出乎意料的结论主要来自美国物理学家迈克耳孙的实验，他在上个世纪末试图观察地球运动对光传播速度的影响，令他大为惊讶同时也令整个科学界震惊的是，没有这种效应存在，并且真空中的光速始终完全相同，而与测量它的系统或发射它的源的运动无关。无须解释，这样的结果是极不寻常的，并且与我们有关运动的最基本的概念相矛盾。事实上，如果一个物体在空间中快速移动，而你自己为了与它相遇而移动，运动的物体会以更大的相对速度撞击你，该相对速度等于物体和观察者的速度之和。另一方面，如果你远离它，它将以较小的速度从后面撞击你，数值等于这两个速度之差。

此外，如果你在汽车中，迎向在空气中传播的声音，在车中测量的声音的速度的增加值等于你的车速；如果你与声音的方向相同，那么车中声音的速度会相应地变小。我们称之为速度相加定理，并认为它是不证自明的。

然而，最谨慎的实验表明，对于光来说，它不再成立。真空中的光速始终保持不变，等于 300 000 千米/秒（我们通常用符号 c 表示），与观察者本人移动的速度毫无关系。

"是的，"你会说，"但是，不可能通过增加一些物理上可以达到的较小速度来构建超光速吗？"

例如，我们可以考虑一列高速行驶的火车，它的速度是光速的 $\frac{3}{4}$，而一个流浪汉沿着车厢的顶部奔跑，他的速度也是光速的 $\frac{3}{4}$。

根据加法定理，总速度应该是光速的 1.5 倍，跑步的流浪汉应该能够超过信号灯发出的光束。然而，事实是，由于光速的恒定性是一个实验事实，在我们的这个案例里，最终的速度必须比我们预期的要小——它不能超过临界值 c；因此我们得出结论，即使对于较小的速度，古典的加法定理一定也是错误的。

我不想在这里详细讨论这个问题的数学处理方法，但它引出了一个非常简单的新公式，用来计算两个叠加运动的合成速度。

如果 v_1 和 v_2 是要相加的两个速度，得到的速度是

$$v=\frac{v_1+v_2}{1+\frac{v_1 v_2}{c^2}} \tag{1}$$

从这个公式可以看出，如果两个原始速度都很小，我的意思是和光速相比很小，则公式 (1) 中的第二项可以被忽略，这样你就得到了古典的速度相加定理。但是，如果 v_1 和 v_2 不小，那么结果总是会比算术和要小。例如，在我们的流浪汉在火车顶上奔跑的例子中，$v_1=\frac{3}{4}c$，$v_2=\frac{3}{4}c$，我们的公式给出了最终的速度 $v=\frac{24}{25}c$，这仍然比光速要小。

在一个特殊的情况下，当一个原始速度是 c 时，公式 (1) 给出

了与第二个速度无关的合成速度——速度 c。因此，无论叠加任意数量的速度，我们永远不可能超过光速。

你可能还想知道，该公式已通过实验证明，并且确实发现两个速度的总和始终小于其算术和。

认识到速度上限的存在，我们可以从批判空间和时间的经典思想开始，将我们的第一个打击指向基于它们的同时性概念。

当你说："开普敦附近矿场的爆炸发生与在伦敦公寓送达火腿和鸡蛋是同一时间。"你以为你知道自己的意思了。然而，我要告诉你，你没有，严格地说，这句话没有确切的意义。实际上，你将使用哪种方法来检查两个不同位置的两个事件是否同时发生？你会说两个地方的时钟会显示相同的时间；但是随后出现了一个问题，即如何设置远处的时钟，以使它们可以同时显示相同的时间？我们回到了原来的问题。

由于真空中光速与光源或被测系统的运动之间的独立性是最精确的实验事实，因此，用以下的方法在不同观测站点测量距离和正确设置时钟应该是最合理的，并且，你在仔细思考后也会同意，这是唯一合理的方法。

从站 A 发送光信号，并且在站 B 接收到光信号后，它立即返回 A。在站 A 读取的信号发送和返回之间的时间的一半乘以恒定的光速，即为 A 和 B 之间的距离。

如果当光信号到达站 B 时，站 B 的时钟正好显示的是站 A 发出信号和接收信号的时间的平均值，则可以说站 A 和站 B 的时钟设置正确。通过在刚体上建立的不同观测站之间使用这种方法，我们最终到达了所需的参考系，并且可以回答有关在不同位置发生的两个事件之间的同时性或时间间隔的问题。

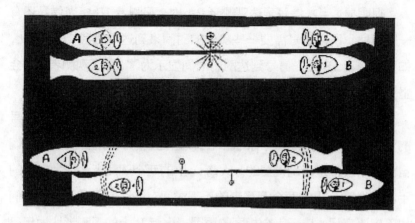

两个向相反方向移动的长平台

但是其他系统的观察者会认可这些结果吗？为了回答这个问题，让我们假设已经在两个不同的刚体上建立了这样的参照系，例如，在两个以恒定速度沿相反方向恒定运动的长火箭上，现在让我们看看这两个参照系是如何相互检验的。假设四个观察者分别位于火箭的前端和后端，他们首先想要正确设置他们的时钟。每一对观察者都可以变通来使用前文提到的方法。先用量尺测量定位火箭的中间位置，在这个中间位置发射光信号，当观察者接收到从火箭中间位置传来的光信号时，将手表设置为零点。

现在，他们决定看看自己火箭上的时间读数是否与对方的时间读数一致。例如，当两个观察者在不同的火箭上经过对方时，他们的手表显示的时间是一样的吗？这可以通过以下方法测试：他们在每个火箭的几何中心安装两个带电的导体，当两艘火箭互相通过时，火花在导体之间跳跃，并且光信号开始同时从每个平台的中点向其前端和后端发出。当光信号以有限速度接近观测者时，火箭已经改变了它们的相对位置，并且观察者 2A 和 2B 将比观察者 1A 和 1B 更靠近光源。

很明显，当光信号到达观测者 2A 时，观测者 1B 离光信号还有一段距离，所以信号需要一些额外的时间来到达观测者 1B。因此，如果观测者 1B 在光信号到达时将时间显示为零，那么观测者 2A 会坚持认为它比正确的时间要晚。

同样的，另一个观测者 1A 将得出这样的结论：先收到光信号的观测者 2B 的手表是超前的。因为根据他们对同时性的定义，他们自己的手表都是正确设置的。火箭 A 上的两个观测者会认为自己的手表和火箭 B 上的两个观测者的手表时间有些许差异。然而，我们也不应该忘记，出于完全相同的原因，火箭 B 上的观测者认为自己的手表时间是正确的，而且肯定地认为火箭 A 上的观测者的时间设置和自己的有差异。

既然两艘火箭都是完全一样的，所以平息这两组观测者之间争吵的理由只能是两组人从他们自己的观点来看都是正确的，但谁是"绝对"正确的问题没有任何物理意义。

恐怕我这些长篇大论已经让你感到很厌烦了，但是如果你仔细思考，你就会清楚地知道，一旦采用我们的时空测量方法，绝对同时性的概念就会消失，原本在一个参考系统中被认为同时发生在不同地点的两个事件在另一个系统看来有明确的时间间隔。

这个提议听起来很不寻常，但是如果我说，你在火车上吃晚餐，你在餐车的同一个地方享用汤和甜点，但是在铁轨上相隔很远的地方，你会觉得不寻常吗？然而，这个关于你在火车上吃晚餐的说法可以这样表述：在一个参考系的同一点上，在不同的时间发生的两件事，但在另一个参考系看来，是有明确的空间间隔的。

如果你把这个"琐碎"的命题与先前的"矛盾的"命题进行比较，你会发现它们是绝对对称的，并且只需交换"时间"和"空间"这两个词，它们就可以相互转化。

这是爱因斯坦观点的全部要点：在古典物理学中，时间被认为是完全独立于空间和运动的东西，"与其他外部事物无关地均匀流动"（牛顿），而在新物理学中，时空紧密相连，仅代表一个同质"时空连续统"的两个不同的横截面，所有可观察的事件都在其中发生。

将该四维连续统分成三维空间和一维时间纯粹是任意的，并且取决于进行观测的系统。

从一个系统中观察到的两个事件，在空间上以距离 l 分开，在时间上以间隔 t 分开，而从另一个系统来看，则是以另一个距离 l' 和另一个时间间隔 t' 分开。因此在某种意义上人们可以谈论将空间转化为时间，反之亦然。不难理解为什么时间到空间的转换（如火车上的晚餐示例）对我们来说是一个很普遍的概念，而空间到时间的转换——导致了同时性的相对性，看起来却很不寻常。关键是，如果我们以"厘米"为单位来测量距离，则对应的时间单位不应该是常规的"秒"，而是"合理的时间单位"——以光信号覆盖一厘米的距离所需的时间来表示，即 0.000 000 000 03 秒。

因此，在我们的日常经验范围内，将空间间隔转化为时间间隔，其结果几乎是不可观测的，这似乎支持了时间是绝对独立和不可改变的经典观点。

然而，当研究速度非常快的运动时，例如，从放射性物体中抛出的电子的运动或原子中电子的运动时，由于此时在一定的时间间隔内所覆盖的距离与以合理单位表示的时间是相同的数量级，我们必然会遇到上述两种效应，而相对论就变得非常重要。即使在速度相对较小的区域，例如在我们太阳系中行星的运动，由于天文测量的极端精密，也可以观察到相对论效应；然而，对相对论效应的观测需要对行星运动的变化进行测量，其测量值甚至远远达不到每年1角秒。

正如我试图向你们解释的那样，对空间和时间概念的批判导致了这样一个结论，即空间间隔可以部分转化为时间间隔，反之亦然；这意味着给定距离或时间段的数值在不同移动系统中测量时是不同的。

对这个问题进行了比较简单的数学分析，得出了计算这些值变化的明确公式，但我不想在这个讲座上讨论这个问题。它计算出任何长度为 l 的物体，以速度υ相对于观察者移动，它的长度会根据它的速度而缩短一个量，它的测量长度将是：

$$l' = l\sqrt{1-\frac{v^2}{c^2}} \tag{2}$$

$$t' = \frac{t}{\sqrt{1-\frac{v^2}{c^2}}} \tag{3}$$

类似地，任何花费时间 t 的过程在相对运动的系统中都将被视为花费了更长的时间 t'，由式（3）给出。

这就是相对论中著名的"空间缩短"和"时间延长"。通常，当υ比 c 小得多时，影响很小，但是，对于足够大的速度，从一个运动系统观察到的长度可以是任意小的，时间间隔可以是任意长的。

我不希望你们忘记，这两种效应是完全对称的。当乘客在快速行驶的火车上时，他们会想为什么月台上的人那么瘦，动作那么慢，而月台上的乘客也会对快速行驶的火车上的人有同样的想法。

存在最大可能速度的另一个重要推论与运动物体的质量有关。根据一般的力学原理，物体的质量决定了使其运动或使其加速运动的难度。质量越大，速度增加一定的量就越困难。

任何物体在任何情况下都不可能超过光速，这一事实直接导致我们得出这样的结论：当它的速度接近光速时，对进一步加速所碰到的阻力，或者换句话说——它的质量，必定无限制地增大。

通过数学分析，得出了与式（2）和（3）类似的关系式。如果 m_0 是速度很小时的质量，则速度 υ 下的质量 m 为

$$m = \frac{m_0}{\sqrt{1 - \dfrac{\upsilon^2}{c^2}}} \tag{4}$$

而且当 υ 接近 c 时，进一步加速碰到的阻力是无穷大的。

在实验中很容易在非常快速移动的粒子上观察到质量的这种相对性变化。例如，放射性物体发射出的电子（其速度是光速的 99%）的质量是静止状态下的几倍，而形成所谓的宇宙射线并以 99.98% 光速运动的电子质量是静止状态下的 1000 倍。对于这样的速度来说，古典力学变得完全不适用了，我们进入了纯相对论的领域。

3 汤普金斯先生去度假了

汤普金斯先生对自己在相对论城市的冒险感到非常有趣，但他对教授没有和自己同行、不能为自己解释所看到的各种稀奇古怪的现象感到很遗憾——特别是铁路司闸工如何制止乘客变老的谜团始终困扰着他。有好几个晚上，他上床睡觉时都希望能再次看到这个有趣的城市，但这种梦很少见，而且大多是令人不愉快的：上次梦到的是要解雇他的银行经理，因为他给银行账户带来了风险……所以，他觉得自己最好是去海边度个假，到海边找个地方待上一周。就这样，他发现自己坐在火车的车厢里，透过车窗望着郊区灰色的屋顶逐渐被郊区绿色的草地所取代。他拿起一份报纸，试图使自己对越南冲突感兴趣。但这一切似乎都如此沉闷，摇摇晃晃的车厢令人精神放松起来……

当他放下报纸，再次望向窗外时，窗外的景色已经发生了很大的变化。电线杆挨得很近，看上去就像一道篱笆，树冠非常狭窄，就像意大利的柏树。他的老朋友教授坐在他对面，饶有兴趣地望着窗外。他大概是在汤普金斯先生忙着看报纸的时候进来的。

"我们是在相对论的领地上，"汤普金斯先生说，"不是吗？"

"啊！教授惊叫道，"你已经知道这么多了！你是从哪儿学到的？"

"我已经来过一次了，但那时没能有幸得到您的陪伴。"

"所以这次你可能是我的向导。"老人说。

"我看不行，"汤普金斯先生反驳道，"我看到了很多不寻常的事情，但与我交谈的当地人根本不明白我的困扰在哪里。"

"这理所当然不过了，"教授说。"他们出生在这个世界上，认为周围发生的一切都是不言而喻的。但我想，如果他们碰巧进入了你曾经生活过的那个世界，他们会很惊讶。在他们看来，这将是多么不同寻常的事情啊。"

"我可以请教您一个问题吗？"汤普金斯先生说。"我上次来这里的时候，遇到一位铁路上的司闸工，他坚持说，由于火车不断地停停开开，所以乘客变老的速度比城市里的人要慢。这是魔法，还是与现代科学相一致？"

"永远不要试图用魔法来解释什么，这是没有任何意义的。"教授说，"这直接源于物理学定律。爱因斯坦根据自己对新的（或许我应该说旧世界，但是新发现）空间和时间概念的分析表明，当发生物理过程的系统改变其速度时，在这个系统中发生的所有物理过程都会减慢。在我们的世界里，这些影响小到几乎是观测不到的，但在这里，由于光速很小，它们通常是非常明显的。例如，如果你想在这里煮一个鸡蛋，你没有把平底锅静静地放在炉子上，而是不断地移动它，不断地改变它的速度，那么煮熟这个鸡蛋也许将要花费你六分钟而不是五分钟的时间。同样，在人体内，如果一个人（例如）坐在摇椅上或在改变速度的火车上，所有的过程都会减慢；在这样的条件下，我们生长得更加缓慢。然而，由于所有的过程都以相同的程度减速，所以物理学家更愿意说，在一个非均匀运动的系统中，时间流动得更慢。

"但是在我们的世界中，科学家们真的在家里就能观察到这样的现象吗？"

"是的，他们做到了，但这需要相当的技巧。要获得必要的加速

度在技术上是非常困难的，但是在一个非均匀运动的系统中存在的条件是类似的，或者我应该说是完全相同的，这是一个非常大的重力作用的结果。你可能已经注意到，当你在一个快速向上加速的电梯里时，你觉得自己似乎变得更重了；相反，如果电梯开始下降（你最好在绳子断了的时候才意识到），你会觉得自己变轻了。这个现象的解释是，由加速度产生的引力场被添加到地球的重力中或从地球的重力中被减去。好吧，太阳上的引力比地球表面上的引力要大得多，因此，那里的所有过程都应稍微减慢。天文学家确实观察到了这一点。"

"但是他们不能去太阳上观察呀？"

"他们不需要去那儿。他们观察太阳发出的光。这种光是由太阳大气中不同原子的振动发出的。如果那里的所有过程变慢，原子振动的速度也会降低，通过比较太阳和地球发出的光，人们就可以看到区别。你知道吗？"教授突然打断了自己的话，"对了，我们现在正在经过的这个小站叫什么名字？"

火车正在沿着一个乡村小站的月台滚滚经过，除了站长和一个坐在行李车上看报纸的年轻搬运工外，这个乡村火车站的月台空无一人。突然，站长把双手举到空中，脸朝地的倒了下去。汤普金斯先生没有听到枪声，这声音很可能消失在火车的喧闹声中了，但毫无疑问，站长的尸体周围是一片血泊。教授立即拉了一下应急绳，火车猛地停了下来。当他们从车厢里面出来时，那个年轻的搬运工正朝尸体奔去，一名乡村警察也正朝这边过来。

"子弹穿心而过，"警察检查过尸体后说，然后把一只沉重的手放在搬运工的肩膀上，继续说道，"我要以你谋杀站长的罪名逮捕你。"

"我没有杀他，"那个倒霉的搬运工叫道。"我听到枪声时正在看报纸。那些从火车上下来的先生们可能已经看到了一切，可以证明我是无辜的。"

"是的，"汤普金斯先生说，"我亲眼看到，当站长被枪杀时，这个人正在看报纸。我可以对着《圣经》发誓。"

"可是你当时在开动的火车上，"警察以一种权威的语气说，"所以你看到的根本不是证据。从平台上看，那个人可能正在同一时刻开枪。难道你不知道同时性取决于你是从哪个系统观察它吗？你还是老老实实的跟我走吧。"警察转身对着搬运工说。

"对不起，警官，"教授打断了他的话，"你完全错了，我想总部的人不会喜欢你的无知。当然，同时性的概念在你们国家是高度相对的。同样，在不同地方发生的两件事可能同时发生，也可能不同时发生，这取决于观察者的运动。但是，即使在你的国家，也没有一个观察者能在起因之前看到结果。你从未收到过还未发出的电报，对吗？或在打开酒瓶子之前喝醉了？据我了解，你认为由于火车的运动，我们看到枪击事件的时间要比实际发生的时间晚得多。当我们一下车就看到站长摔倒了，我们仍然没有看到枪击事件本身。我知道，在警察部队里，你被教导只相信指令中写的内容，但是仔细研究一下，你可能会发现一些关于它的内容。"

教授的语气给警察留下了深刻的印象，他掏出口袋里的指令书，开始慢慢地读起来。不一会儿，他那又大又红的脸上露出了尴尬的笑容。

"在这里，"他说，"第 37 条，第 12 款，e 段：'一个完美的不在场证明，应该承认任何移动系统内，在犯罪的时刻或在一个时间间隔$\pm\dfrac{d}{c}$（c 是自然速度限制，d 是距犯罪地点的距离）内，嫌疑人在另一个地方被看到。'"

"你自由了，我的好人，"他对搬运工说，然后转向教授，"非常感谢您，先生，使我免于被总部找麻烦。我在警察局是个新手，还不熟悉所有这些规则。但不管怎样，我必须报告这起谋杀案。"他走

到电话亭。一分钟后，他隔着月台大喊大叫："现在一切都办妥了！当真正的凶手从车站逃跑时，他们抓住了他。再一次谢谢您！"

"我可能很蠢，"当火车再次启动时，汤普金斯先生说，"但这一切与同时性有什么关系呢？同时性在这个国家真的没有意义吗？"

"还是有关系的，"教授回答，"但只是在一定程度上；否则，我根本帮不上搬运工的忙。你看，任何物体的运动或任何信号的传播都存在自然的速度限制，这使得我们通常意义上的同时性失去其含义。我这样来讲你可能会更明白一些。假设你有一个朋友住在一个很远的城镇，你通过信件与他联系，邮政列车是最快的送达方式，信件从你那儿寄出到他手中至少需要 3 天的时间。假设周日在你身上发生了一些事情，你知道同样的事情也会发生在你朋友身上。显而易见的是，在周三之前你是没有办法让他知晓这件事情的，另一方面，如果他事先就知道你会发生什么事，那么他最后能够通知你的时间应该是前一个星期四。因此，从上星期四到下星期三的 6 天里，你的朋友既不能影响你星期天的命运，也不能知道你发生了什么。从因果关系的角度来看，可以说他被从你的世界驱逐出境了 6 天。"

"发电报怎么样？"汤普金斯先生建议道。

"这样说吧，我已设定邮政列车的速度是最大可能的速度，这个设定在这个国家是正确的。在我们生活的地方，光速是最大速度，你发信号的速度不能比无线电还快。"

"可是，"汤普金斯先生说，"即使邮政列车的速度无法超越，它与同时性又有什么关系呢？我和我的朋友仍然可以同时享用星期天的晚餐，不是吗？"

"不，这样说毫无意义；一个观察者会同意，但也会有从不同的火车上进行观察的其他人，他们会坚持认为你在吃周日晚餐的同时你的朋友在享用周五的早餐或是周二的午餐。但是，3 天以外，任何人都不可能观察到你和你的朋友同时吃饭。"

"可是这一切是如何发生的呢?"汤普金斯先生难以置信地叫道。

"就像你从我的演讲中可能已经注意到的那样,以一种非常简单的方式。从不同的运动系统观察到的速度上限必须保持相同。如果我们接受这一点,我们应该得出这样的结论……"

但是他们的谈话被打断了,火车到达了汤普金斯先生要下车的车站。

汤普金斯先生到达海滨的第二天早晨,当他下楼到旅馆宽广的玻璃阳台上用早餐时,一个巨大的惊喜正在等着他。在对面的桌子上坐着一位老教授和一个漂亮的女孩,那个女孩正兴致勃勃地跟老人说着什么,还不时朝着汤普金斯先生坐的那张桌子的方向瞥上一眼。

"我在那列火车上睡着了,肯定看起来很蠢,"汤普金斯先生想着,忍不住对自己越来越生气。"教授可能还记得我问过他的那个关于变得年轻的愚蠢问题。但这至少会给我一个机会,让我现在更好地了解他,并继续询问我仍然不明白的事情。"他甚至连自己也不愿承认,他想的不仅仅只是和教授谈话。

"哦,是的,是的,我想我确实记得在我的讲座上见过你,"教授在他们离开餐厅时说。"这是我的女儿,莫德。她正在学习绘画。"

"很高兴见到你,莫德小姐,"汤普金斯先生说,他认为这是自己听过的最好听的名字。"我想,这儿的环境一定会给你画画提供很好的素材。"

"过些时候她会给你看的,"教授说,"不过请告诉我,你听了我的课有收获吗?"

"噢,是的,我得到了很多收获,事实上,当我访问那座光速只有每小时 16 千米的城市时,我自己也经历了所有这些物体的相对论性收缩和时钟的疯狂行为。"

"那么很遗憾,"教授说,"你错过了我接下来关于空间曲率的演

讲。但在海滩上我们会有充足的时间，所以我可以向你解释所有这一切。比如说，你知道空间正曲率和空间负曲率的区别吗？"

"爸爸，"莫德小姐噘着嘴说，"如果你又在谈物理，我想我要去做自己的工作了。"

"好吧，姑娘，你走吧，"教授说着，一头扎进安乐椅里。"年轻人，我看你数学学得不多。但我想我可以简单地解释一下，举一个曲面的例子。想象一下，加油站的老板谢尔先生决定看看他的加油站是否均匀地分布在某些国家，比如美国。为了做到这一点，他命令位于美国中部的某个地方的办公室（我相信堪萨斯城被认为是美国的心脏），去数数距离城市 160 千米、320 千米、480 千米等等以内的加油站的数量。他从学生时代起就记得，圆的面积与半径的平方成正比，并期望在均匀分布的情况下，这样计算的加油站数目应按数字序列——1，4，9，16……如此增加。当报告出来的时候，他会非常惊讶地发现，实际上，加油站的数量增长要慢得多。'真是一

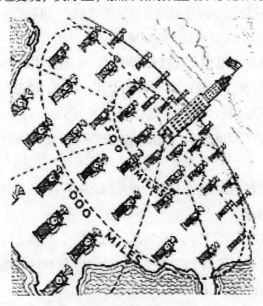

遍布于美国的加油站

团糟，'他惊叫道，'我在美国的经理们完全不了解自己的工作。把加油站集中在堪萨斯城附近难道是什么特别的好主意吗？'但是他的结论正确吗？"

"他正确吗？"汤普金斯先生重复道，他正在想别的事情。

"他不正确，"教授严肃地说，"他忘记了地球表面不是一个平面，而是一个球面。在一个球面上面积随半径增长的速度要比平面上慢得多。你真的看不出来吗？好吧，拿一个地球仪，自己尝试着揣摩一下。例如，如果你在北极，半径等于半个子午线的圆就是赤道，包括的区域就是北半球。把半径增加到两倍，你就能得到整个地球的表面；这个面积只会增加到两倍，而不是平面上的四倍。你现在明白了吗？"

"是的，"汤普金斯先生说，竭力装出专注的样子。"这是正曲率还是负曲率？"

"它被称为正曲率，正如你从地球仪的例子中看到的，它对应于一个有确定面积的有限表面。而能给出负曲率曲面的一个例子则是马鞍。"

"马鞍可以吗？"汤普金斯先生惊讶地重复道。

"是的，是马鞍，或者在地球表面上，两座山之间的鞍形通道。假设一个植物学家住在坐落于这样的鞍形通道上的山间小屋里，他对小屋周围松树的生长密度很感兴趣。如果他计算距离小屋 30 米、60 米等等范围内的松树的数量，他会发现松树的数量比距离的平方增长得更快，原因就在于，在鞍形曲面上，给定半径内的面积比平面上的面积大。这样的表面就是具有负曲率的。如果你想在平面上铺开鞍形曲面，你必须进行折叠，相反的，如果你想在平面上铺开球面，如果它没有弹性的话，也许你得要把它撕开。"

"我明白了，"汤普金斯先生说，"您的意思是说一个鞍形曲面虽然是弯曲的，却是无限的。"

"正是这样，"教授赞同地说，"鞍形表面向四面八方延伸到无穷，永不封闭。当然，在我的鞍形通道例子中，当你走出山脉，进入地球的正曲面时，这个表面就不再具有负曲率了。但是当然，你可以想象一个处处保持负曲率的表面。"

"但它如何适用于弯曲的三维空间呢？"

"完全一样。假设物体均匀地分布在空间中，我的意思是相邻物体之间的距离总是相同的，假设你在距你不同的距离内计算它们的数量。如果这个数字随着距离的平方增长，那么空间就是平坦的；如果增长变慢或变快，那么这个空间就具有正曲率或负曲率。"

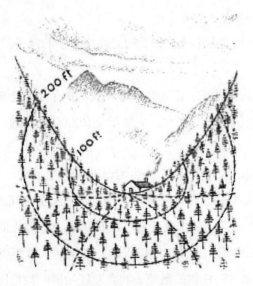

坐落于鞍形山口的山间小屋

"因此，在正曲率的情况下，该空间在给定距离内的体积较小，而在负曲率的情况下，其体积更大？"汤普金斯先生惊讶地说道。

"正是这样，"教授微笑着说，"现在我明白你是正确地理解我了。要研究我们所生活的伟大的宇宙的曲率，人们只需要计算遥远天体的数量。你可能已经听说过，巨大星云均匀地散布在太空中，在数十亿光年的距离外都能看到。对于研究宇宙曲率来说，它们是非常方便的对象。

"所以这样看来，我们的宇宙是有限的，并且封闭于自身的吗？"

"嗯，"教授说，"这个问题实际上还没有解决。爱因斯坦在他最初的宇宙学论文中指出，宇宙的大小是有限的，能自身封闭的，在时间上是不可改变的。后来，俄罗斯数学家弗里德曼的研究表明，爱因斯坦的基本方程式允许宇宙可能随着年龄的增长而膨胀或收缩。这一数学结论得到了美国天文学家哈勃的证实，他使用威尔逊山天文台的 2.54 米口径望远镜观测到星系彼此互相远离。即我们的宇宙正在膨胀。但仍存在这样一个问题：这种扩张是会无限期地继续下去，还是会达到峰值，并在遥远的将来变成收缩。这个问题只能通过更详细的天文观测来回答。"

正在教授讲话的时候，周围似乎发生了很不寻常的变化：大厅的一端变得极其小，挤进了所有家具，而另一端却变得如此大，以至于在汤普金斯先生看来，整个宇宙都能纳入其中。一个可怕的念头在他脑子里闪过：如果海滩上莫德小姐正在画画的那块空间被从宇宙中撕掉了怎么办？他就再也见不到她了！当他冲到门口时，他听到教授的叫声在他身后响起，"小心！量子常数也变得疯狂了！"当他到达海滩时，他刚开始觉得那里非常拥挤。成千上万的女孩在混乱中朝着各个可能的方向奔跑。"我到底怎样才能在这群人中找到我的莫德呢？"他想。但是后来他注意到她们看起来都和教授的女儿一模一样，然后他意识到这只是测不准原理开的一个玩笑。下一刻，这个异常巨大的量子常数波过去了，莫德小姐站在海滩上，眼睛里露出惊恐的神色。

"啊，是你！"她如释重负地低声说，"我以为一大群人朝我冲

来。这可能是我的脑袋被炽热的太阳晒了太久。请稍等，我回旅馆把我的太阳帽拿过来。"

"哦，不，我们现在不应该分开，"汤普金斯先生抗议道，"我的感觉是，光速也在变化；你从旅馆回来的时候，可能会发现我是个老人！"

"胡说，"姑娘说，但她还是把手放到了汤普金斯先生的手里。但是在回旅馆的半路上，另一波不确定性的浪潮突然降临到他们身上，海岸上到处都是汤普金斯先生和那个姑娘。与此同时，一大片空间开始从附近的山丘上膨胀开来，将周围的岩石和渔民房屋弯曲成非常有趣的形状。被巨大的引力场偏转的阳光完全从地平线上消失了，汤普金斯先生陷入了完全的黑暗之中。

仿佛一个世纪过去了，一个对他来说如此亲切的声音使他恢复了理智。

"哦，"那姑娘说，"我父亲不停地谈论物理，让你无聊得睡着了，你不想和我一起游泳吗？今天的水真是清澈啊！"

汤普金斯先生从安乐椅上跳了起来，就像上面安了弹簧一样。"原来这是一场梦，"他想，他们朝着海滩走去，"还是梦才刚刚开始？"

4 教授关于弯曲空间、引力和宇宙的讲座

女士们先生们：

今天，我将要讨论弯曲空间及其与引力现象的关系。毫无疑问，你们中的任何一个人都能很容易地想象出一条曲线或一个曲面，但一提到一个弯曲的三维空间，你们的脸就变长了，你们倾向于认为这是非常不寻常的，甚至是超自然的。人们常常认为弯曲空间很"恐怖"的原因是什么？这个概念真的比曲面的概念更难吗？你们中的许多人，如果愿意稍微多思考一下，也许会说，你很难想象一个弯曲空间，是因为你无法像观察地球仪的弯曲表面那样"从外部"来观察它，或者举另外一个例子，马鞍那样的特殊曲面。然而，那些这样说的人自己并不了解曲率的严格数学含义，而实际上这与该词的常用用法有所不同。如果画在某个表面上的几何图形的性质与平面上的不同，我们数学家就称其为曲面，并且我们通过偏离欧几里得经典规则的偏差来测量曲率。如果你在一张平整的纸上画一个三角形，你从基本几何学中得知，它的三角之和等于两个直角的和。你可以把这张纸折成一个圆柱形，一个圆锥形，甚至更复杂的形状，但是画在它上面的三角形的内角之和始终等于两个直角。

曲面的几何形状不会随着这些变形而改变，而且从"内部"曲

率的角度来看，得到的曲面与平面一样平。但是，你不可能在不拉伸的情况下把一张纸贴到球面或鞍形面上，而且，如果你试图在球面上画一个三角形（即球面三角形），欧几里得几何的简单定理就不再成立了。事实上，一个三角形，例如，由两个子午线的北半部和它们之间的一条赤道组成，在它的底部有两个直角，在顶部有一个任意的角。

相反，在鞍形表面上，你会惊讶地发现，三角形的角度之和始终小于两个直角。

因此，为了确定一个表面的曲率，有必要研究这个表面的几何形状，而从外面看往往会产生误解。仅仅通过观察，你可能会把圆柱体的表面与圆环的表面归为一类，而前者实际上是平坦的，而后者是不可逆的弯曲。一旦你习惯了这种新的严格的曲率概念，那么对于理解物理学家在讨论我们所生活的空间是否是弯曲时所要表达的意思，就不存在任何困难了。问题仅在于找出在物理空间中构造的几何图形是否服从欧几里得几何学的一般定律。

然而，既然我们谈论的是实际的物理空间，那么我们首先必须给出几何中所用术语的物理定义，特别是要通过直线构图来阐明我们所理解的内容。

我想大家都知道直线一般被定义为两点之间的最短距离；它可以通过在两个点之间拉伸一根弦来获得，也可以通过一种等效但复杂的方法来获得，即通过试验找出两个给定点之间的一条直线，在这条直线上可以放置最小数量的给定长度的量尺。

为了表明这种找到直线的方法的结果将取决于物理条件，让我们想象一个绕其轴均匀旋转的大型圆形平台，并且实验者（2）试图找到这个平台边缘两点之间的最短距离。他有一个箱子，里面有很多小量尺，每根 12.7 厘米，他试着把它们在两点之间排成一行，这样就可以用最少的小量尺。如果平台不旋转，他会把它们放在一条线上，这条线在图上用虚线表示。但由于平台的转动旋转，如我在上一讲中所讨论的，他的量尺将遇到相对的收缩，而那些更靠近平台外围（因此具有较大线性速度）的量尺收缩得更多。因此，很明显，为了使每根量尺都能获得最大的距离，应尽可能将其靠近中心放置。但是，由于这条线的两端都固定在边缘上，所以只能把这条线中间的量尺移到靠近中心的地方，但这也是不利的。

科学家们正在一个旋转平台上测量某物*

　　*胡克汉姆的转盘，这个名字是为了纪念约翰·胡克汉姆先生而命名，他曾在剑桥大学出版社担任插画师，他退休前为本书绘制了许多插图。

　　因此，将通过两个条件之间的折中来达到结果，最短的距离最终由稍微向中心凸出的曲线表示。

　　如果我们的实验人员不使用单独的小量尺，而只是在问题的两点之间拉伸一根绳子，结果显然是一样的，因为绳子的每一部分都和单独的量尺受到相同的相对论性收缩。我想在这里强调一点，当平台开始旋转时发生的拉伸弦的变形与离心力的作用通常无关；事实上，无论弦被拉得多么紧，这种变形都不会改变，更不用说普通的离心力会朝相反的方向作用。

　　现在，如果平台上的观察者决定通过将由此获得的"直线"与光线进行比较来检查其结果，则他会发现光线确实沿其构造的线传播。当然，对于站在平台附近的观察者来说，光线似乎根本不会弯曲。他们将通过平台旋转和光的直线传播的重叠来解释移动的观察者的结果。

　　然而，对于在旋转平台上的观测者来说，他所得到的曲线的"直线"的名称是完全正确的：它是最短的距离，并且与他的参照系中的光线相吻合。假设他现在选择外围的三个点，并用直线将它们连接起来，形成一个三角形。在这种情况下，三角形的角度之和将小于两个直角的和，他会得出结论——他周围的空间是弯曲的。

　　再举一个例子，假设平台上的另外两个观察者（3 和 4）决定通过测量平台的周长和直径来估计 p 的数量。观察者 3 的量尺不受旋转的影响，因为它的运动总是垂直于它的长度。另一方面，观察者 4 的量尺将始终收缩，并且其在圆周长度上的值将大于非旋转平台的值。因此，用 4 的结果除以 3 的结果将得到一个比教科书中通常给出的 p 的值更大的值，这也是空间曲率的结果。

　　不仅长度测量会受到旋转的影响。位于边缘的手表会有很大的速度，根据上一堂课内容的考量，它会比位于平台中心的手表走得慢。

　　如果两个实验人员（4 和 5）在平台中央校准他们的手表，然后 5 将其手表放到边缘一段时间，回到中心后他会发现，他的手表比始终保持在中央位置的手表要走得慢。因此，他将得出结论，在平台的不同位置，所有物理过程都以不同的速率进行。

假设现在我们的实验者停下来，想一想他们刚刚在几何测量中得到异常结果的原因。假设他们的平台是封闭的，形成了一个没有窗户的旋转房间，这样他们就无法看到自己相对于周围环境的运动。他们能否解释所有观察到的结果纯粹是由于平台上的物理条件所致，而不考虑平台相对于安装平台的"坚实地面"的旋转？

很自然地，他们会把观察到的效应归因于这个力的作用，例如，在两块表中，离中心较远的那块表在这种新力量的作用方向下，会走得慢一些。

但是，这股力量真的是新力量吗？在"坚实的基础"上是观察不到的吗？难道我们不是经常观察到所谓的万有引力将所有物体拉向地球中心吗？当然，在一种情况下，我们有向着圆盘边缘的吸引力，在另一种情况下，有向着地球中心的吸引力，但这仅意味着力的分布有所不同。然而，我们不难举出另一个例子，在这个例子中，参考系统的非匀速运动产生的"新"力看起来就像是这间教室中的重力。

假设一艘为星际旅行而设计的火箭飞船在太空中自由飘浮，远离不同的恒星，以至于内部没有重力。因此，这样一艘火箭飞船里的所有物体，以及乘坐它飞行的实验员，都将没有重量，他们自由地飘浮在空中，就像著名的儒勒·凡尔纳的故事里的米歇尔·殷切和他的月球同行者们一样。

现在，发动机已经启动，我们的火箭飞船开始运动，并逐渐提高速度。里面会发生什么？很容易看出，只要火箭飞船加速，它内部的所有物体都会表现出向地板运动的趋势，或者，换一种说法，地板也会朝着这些物体运动。例如，如果我们的实验者手里拿着一

个苹果，然后放开它，则苹果将继续以恒定速度（相对于周围的恒星）——也就是在苹果被释放的那一刻，火箭飞船正在移动的速度运动。但是火箭飞船本身是加速的；因此，机舱的地板一直在不断移动，最终将超过苹果并击中它；从这一刻起，苹果将永远保持与地面接触，受到稳定的加速作用而被压在地板上。

然而，对于里面的实验人员来说，这看起来就像是苹果以一定的加速度"掉落"，并且在撞击地板后仍然因其自身的重量而受到挤压。他还会进一步注意到，所有物体都以完全相同的加速度下落 (如果他忽略了空气的摩擦力)，他还会记住，这正是伽利略发现的自由落体的规律。实际上，他将无法注意到他的加速舱里的现象与普通重力现象之间的细微差别。他可以使用带有钟摆的时钟，把书放在可以确保它们不飞走的架子上，并用钉子钉上阿尔伯特·爱因斯坦的肖像，他首先指出了参考系统的加速度与重力场的等效性，并在此基础上发展了所谓的广义相对论。

但是在这里，就像在第一个旋转平台的例子中一样，我们将注意到伽利略和牛顿在研究重力时所不知道的现象。穿过机舱的光线将变弯曲，根据火箭飞船的加速度，会照亮挂在对面墙上不同位置的屏幕。当然，外部观察者会将其解释为由于光的匀速直线运动和观测舱的加速运动的重叠。几何结构也会出错：三束光形成的三角形的内角和将大于两个直角和，并且圆的周长与其直径之比将大于数字 p。我们在这里考虑了两个最简单的加速系统示例，但是上述等效性对于刚性或可变形参考系统的任何给定运动都适用。

我们现在讨论最重要的问题。我们刚才看到，在一个加速的参考系统中，可以观察到许多普通引力场所未知的现象。这些新现象，比如光线的弯曲或时钟的变慢，是否也存在于可衡量的质量所产生的引力场中？或者，换句话说，难道加速度的作用和引力的作用不

地板……最终会赶上苹果并击中它吗？

仅非常相似，甚至是完全相同的吗？

　　当然，很明显，尽管从启发式的观点来看，人们很容易接受这两种效应的完全同一性，但最终的答案只能通过直接实验得到。我们人类的头脑要求宇宙法则的简单性和内在的一致性，而实验确实证明了这些新现象也存在于普通引力场中，这令我们的大脑感到满意。当然，加速度场和引力场等效假说所预测的影响非常小：这就是为什么只有在科学家特地开始专门寻找它们之后才发现它们的原因。

利用上面讨论的加速系统的示例，我们可以轻松估算两个最重要的相对论引力现象的数量级：时钟速率变慢和光线的曲率。

让我们先以旋转平台为例。从基本力学可知，作用于距中心 r 处的质点上的离心力是由这个公式给出的

$$F = r\omega^2 \tag{1}$$

其中ω是平台旋转的恒定角速度。这样，在粒子从中心向外围运动的过程中，这个力所做的总功为

$$W = \frac{1}{2}R^2\omega^2 \tag{2}$$

其中 R 是平台的半径。

根据上述等效原理，我们认为 F 是平台上的引力，W 是中心和边缘之间的引力势差。现在，我们必须记住，正如我们在上一堂课中所看到的那样，以速度υ运动的时钟比不动时钟减慢的多少是由如下公式决定的：

$$\sqrt{1-\left(\frac{\upsilon}{c}\right)^2} = 1 - \frac{1}{2}\left(\frac{\upsilon}{c}\right)^2 + \cdots \tag{3}$$

如果 v 比 c 小很多，我们可以忽略其他项。根据角速度的定义，我们有 $v=Rw$，这样"减慢因子"变为

$$1 - \frac{1}{2}\left(\frac{R\omega}{c}\right)^2 = 1 - \frac{W}{c^2} \tag{4}$$

根据其所在位置的引力势差来给出时钟速率的变化。

如果我们在地下室放置一个时钟，在埃菲尔铁塔的顶部放置另一个时钟（高 30.48 米），则它们之间的势差会非常小，以至于地下室的时钟的减慢因子为 0.999 999 999 999 97。

另一方面，地球表面和太阳表面之间的重力势差要大得多，减慢因子为 0.999 999 5，这是可以通过非常精确的测量得到的。当然，没有人会把一个普通的时钟放在太阳表面，然后看着它走！物理学

家有更好的方法。通过分光镜，我们可以观察到不同原子在太阳表面的振动周期，并将它们与在实验室中放入本生灯火焰中的相同元素的原子的周期进行比较。根据公式 (4)，太阳表面原子的振动应该减慢，它们发出的光和地球上的光源发出的光相比略带红色。这种"红移"实际上是在太阳和其他几颗恒星的光谱中观察到的，可以对它们进行精确测量，其结果与我们的理论公式给出的值一致。

因此，红移的存在证明了由于太阳表面更高的引力势，太阳上发生的过程确实稍慢一些。

为了测量一束光在引力场中的曲率，使用第 2 章中所给的火箭飞船的例子更为方便。如果 l 是穿过舱室的距离，那么光穿过舱室所花费的时间 t 为

$$t = \frac{l}{c} \tag{5}$$

在这段时间内，飞船以加速度 g 运动，将通过以下基本力学公式给出的距离 L：

$$L = \frac{1}{2}gt^2 = \frac{1}{2}g\frac{l^2}{c^2} \tag{6}$$

因此，表示光线方向变化的角度是如下数量级的

$$\Phi = \frac{L}{l} = \frac{1}{2}\frac{gl}{c^2} \text{ 弧度,} \tag{7}$$

光在引力场中传播的距离越大，Φ 的值也越大。当然，这里的飞船加速度 g 必须解释为重力加速度。如果我让一束光穿过这间教室，我可以取大约 $l=10$ 米。地球表面的重力加速度 g 是 9.81 米/秒^2，$c=3\times10^8$ 米/秒，我们得到

$$\Phi = \frac{100 \times 981}{2 \times (3 \cdot 10^{10})^2} = 5 \cdot 10^{-16} \text{弧度} = 10^{-10} \text{弧秒} \tag{8}$$

因此，你可以看到，在这样的条件下，光线的曲率是绝对观察不到的。然而，靠近太阳表面的 g 是 270 米/秒^2，并且光在太阳的

引力场中传播的路径非常大。精确的计算表明，当一束光线经过太阳表面附近时，其偏差值应该是 1.75 弧秒，而这恰好是天文学家在日全食时观察到的恒星在太阳附近的视位置的位移值。你在这里也可以看到，观测结果显示了加速度和引力的效应完全相同。

现在，我们可以再次回到有关空间曲率的问题。你们还记得吗，使用最合理的直线定义，我们得出的结论是，在非均匀运动的参考系中获得的几何形状与欧几里得的几何形状不同，因此应将此类空间视为弯曲空间。由于任何引力场都等于基准系统的某种加速度，因此这也意味着存在引力场的任何空间都是弯曲的空间。或者，更进一步，引力场只是空间曲率的物理表现。因此，每个点的空间曲率应由质量分布决定，在重物附近，空间曲率应达到最大值。我只需要提一下，这个曲率一般不是由一个，而是由十个不同的数字决定的，它们通常被称为引力势 $g_{\mu\upsilon}$ 分量，是经典物理学引力势的一般化，我之前称它为 w。相应地，每一点的曲率由 10 个不同的曲率半径来描述，通常用 $R_{\mu\upsilon}$ 表示。曲率半径通过爱因斯坦基本方程与质量分布联系起来：

$$R_{\mu\upsilon} - \frac{1}{2}g_{\mu\upsilon}R = -\kappa T_{\mu\upsilon} \qquad (9)$$

其中，$T_{\mu\upsilon}$ 取决于可测质量产生的引力场的密度、速度和其他性质。

但是，在本讲座结束时，我想指出方程式（9）最有趣的结果之一。如果我们考虑一个均匀分布着质量的空间，例如，我们的空间充满了恒星和恒星系统，我们将得出以下结论：

除了个别恒星附近偶尔有大的曲率外，该空间在长距离上应该具有均匀弯曲的规律性。从数学上讲，有几种不同的解决方案，其中一些对应于最终封闭的空间，因此具有有限的体积，其他的则代表了类似于这节课开始时提到的鞍形表面的无限空间。等式（9）的第二个重要结果是，此类弯曲空间应处于稳定膨胀或收缩的状态，这从物理上讲意味着填充该空间的粒子应彼此远离，或者相反，向彼此靠近。此外，可以看出，对于具有有限体积的封闭空间，膨胀和收缩周期性地彼此跟随，这就是所谓的脉动宇宙。另一方面，无限的"类鞍形"空间永久处于收缩或膨胀的状态。

  在所有这些不同的数学可能性中，哪一个与我们所生活的空间相对应？这个问题不应该由物理学来回答，而应该由天文学来回答。我只想提一下，到目前为止，天文学上的证据已经明确地表明，我们的空间正在膨胀，但是这种膨胀是否会变成收缩的问题，以及空间的大小是有限的还是无限的问题，还没有明确的答案。

5 脉动的宇宙

在海滩饭店的第一天晚上，汤普金斯先生和老教授以及他的女儿一起吃饭，老教授在谈论宇宙学，他的女儿在谈论艺术。汤普金斯先生最后回到房间之后一头倒在了床上，用毯子蒙住自己的脑袋。波提切利和邦迪、萨尔瓦多·达利和弗雷德·霍伊尔、勒马特和拉芳丹在他疲惫的脑子里搅成一团，最后他陷入了沉睡……

半夜的某个时候，他醒来时有一种奇怪的感觉，他不是躺在舒适的弹簧床垫上，而是躺在坚硬的东西上。他睁开眼睛，发现自己倒在了一块大石头上，他最开始以为那是海滩上的一块大石头，后来他发现那其实是一块巨大的石头，直径约9米，悬浮在太空中而看不到任何支撑物。岩石上覆盖着一些绿色的苔藓，在一些地方，小灌木从石头的裂缝中生长出来。岩石周围的空间被微弱的光线照亮，尘土飞扬。事实上，他从未见过空气中有如此多的灰尘，甚至在描写中西部沙尘暴的电影中也没有这么多的灰尘。他把手绢绕在鼻子上，才感到松了一口气。但周围还有比灰尘更危险的东西。像他头那么大，甚至比他头更大的石头经常在他所在岩石附近的空间中旋转，偶尔击中岩石，发出一种奇怪而沉闷的撞击声。他还注意到有一两块和他自己身体差不多大的石头在远处的太空中飘浮着。在这段时间里，他仔细观察周围的环境，一直紧紧地抓着岩石上突出的边缘，时刻担心自己会掉下去，掉到尘土飞扬的深渊里去。但是很快，他变得更大胆了，试图爬到岩石的边缘，看看下面是否真的没有东西在支撑着它。

当他以这种方式爬行时，他惊奇地发现他并没有掉下去，但是他的体重不断地把他压在岩石的表面上，尽管他已经覆盖了岩石圆周的四分之一以上。就在他最初发现自己的地方下面，他从一排松散的石头后面望过去，他发现没有任何东西可以支撑这块石头。然而，使他大为吃惊的是，那闪烁的微光照出了他朋友老教授的高大身影，这位老教授显然低着头站着，在他的小本子上记着什么。

现在汤普金斯先生开始慢慢地明白了。他还记得，在他上学的时候，老师教过他，地球是一块巨大的圆石头，在太空中绕着太阳自由移动。他还记得那张地球两端有两个对跖点的照片。是的，他的岩石只是一个非常小的恒星体，将所有东西吸引到了它的表面，他和老教授是这个小行星上唯二的人口。这使他得到了一点安慰——至少没有掉下去的危险！

"早上好！"汤普金斯先生说，想要把老人的注意力从计算上转移开。

教授从笔记本上抬起头来。"这儿没有早晨，"他说，"这个宇宙里没有太阳，也没有一颗发光的星星。幸亏这儿的物体表面表现出某种化学变化过程，否则我就不能观察到这个空间的膨胀了。"他又把注意力转回了他的笔记本上。

汤普金斯先生感到很不高兴，遇见全宇宙唯一的活人，却发现他如此孤僻！出乎意料的是，其中一块小陨石来帮助了他。砰的一声，石头击中了教授手中的本子，把它扔了出去，本子飞快地穿过太空，离开了他们的小星球。"现在您再也见不到它了，"汤普金斯先生说。此时这个笔记本越来越小，它在太空中飞翔。

"恰恰相反，"教授回答道。"你看，我们现在所处的空间，其扩

展并不是无限的。哦，是的，是的，我知道你在学校里学过，空间是无限的，两条平行线永远不会相交。然而，无论是对其余人类居住的空间，还是对我们现在所处的空间，这都是不正确的。前者当然非常大，科学家们估计它现在的尺寸大约是 16 090 000 000 000 000 000 000 000 米，对于普通人的思维来说，这就是无限的了。如果我在那里丢了笔记本，要花很长时间才能找回来。然而，这里的情况却大不相同。就在我的笔记本从我手中被撞掉之前，我已经发现这个空间的直径只有 8000 米，尽管它正在迅速扩大。我估计这个本子半小时内就能回来。"

这里没有白天

"可是，"汤普金斯先生大胆地说，"您的意思是说您的笔记本会像澳大利亚本地人的回旋镖那样，沿着弯曲的轨道运动，然后掉在您的脚下？"

"没有这回事，"教授回答道。"如果你想知道到底发生了什么，想想一个不知道地球是球体的古希腊人吧。假设他给了某人指示，让他一直向北奔跑。当他的赛跑运动员最终从南方回到他身边时，你可以想象他有多惊讶。我们的古希腊人没有环游世界的概念（在这种情况下，我的意思是绕地球旅行)，他会确信自己的跑步者已经迷路了，走了一条弯路才又绕回来了。事实上，他的人一直沿着地球表面所能画出的最直的线在奔跑，但是他却周游了世界，因此他是从相反的方向回来的。同样的事情也会发生在我的笔记本上，除非它在途中被别的石头击中，从而偏离了正道。来，你拿着这双筒望远镜，看看你还能不能看到它。"

汤普金斯先生把双筒望远镜放在眼睛上，透过模糊了一切的灰尘，他成功看到教授的笔记本正在遥远的太空中穿梭。距离那么远，所有的东西，包括那个笔记本，都呈现出粉红色，这多少令他有些吃惊。

"可是，"过了一会儿，他叫了起来，"您的笔记本又回来了，我看到它越来越大了！"

"不，"教授说，"它还在消失。你看到它在逐渐变大，就好像它要回来一样，这是由于封闭的球形空间对光线的一种特殊的聚焦效应。让我们回到古希腊。如果光线可以一直沿着地球弯曲的曲面一直传播，比如说通过大气的折射，他就能够使用强大的双筒望远镜在旅途中一直看到他的跑步者。如果你观察一下地球，你会发现地球表面最直的线——经线，首先从一个极点发散出来，但经过赤道后，开始向另一个极点汇聚。如果光线沿着经线传播，假设你位于一个极点，你将看到这个人远离你，并且越来越小，直到他越过赤道。在这一点之后，你会看到他变得越来越大，在你看来，就像背对着你往回走。当他到达对面的极点后，你会看到他就像站在你身边一样大。然而，你无法触摸到他，就像你无法触摸到球面镜中的影像一样。在这个二维类比的基础上，你可以想象光线在这个奇怪弯曲的三维空间中会发生什么。现在，我想那个笔记本的影像已经非常接近了。"

事实上，汤普金斯先生放下望远镜，看到那个笔记本离他只有几米远了。不过，它看上去确实很奇怪！轮廓不是很清晰，字迹好像被冲洗掉了，教授写在纸上的公式几乎认不出来，整个笔记本看起来像是一张没有对焦也没有冲洗好的照片。

"你现在明白了吧，"教授说，"这只是那本书的影像，穿过半个宇宙的光线已经将它严重扭曲了。如果你非常想确定的话，只要注意，你是如何穿过厚厚的纸张看到笔记本后面的石头的。"

汤普金斯先生试着去抓住那个笔记本，但他的手毫无阻力地穿过了那影像。

"这个笔记本本身，"教授说，"现在已经非常接近宇宙的另一端了，你在这里看到的只是它的两幅图像。第二幅图像就在你的身后，当两幅图像重合时，真正的笔记本正好在相反的极点。汤普金斯先生没有听见教授的话；他正在全神贯注地思考着，试图回忆起在初级光学中，物体的影像是怎样通过凸面镜和透镜形成的。当他最终放弃的时候，这两个影像又开始向相反的方向后退。

"但是，是什么使空间弯曲并产生这些有趣的效果呢？"他问教授。

"是所有有重量的物质的存在，"他回答。"当牛顿发现万有引力定律时，他认为重力只是一种普通的力，例如，与在两个物体之间伸展的一根弹性细绳所产生的力是相同类型的力。然而，始终存在一个神秘的事实，即所有的物体，无论它们的重量和大小，在重力的作用下都有相同的加速度，以相同的方式运动，当然前提是你要消除空气的摩擦和类似的东西。是爱因斯坦第一次明确地指出，有重量的物质的主要作用是产生空间曲率，所有物体在重力场中运动的轨迹都是弯曲的，因为空间本身就是弯曲的。但是我认为，如果你没有足够的数学知识，理解起来有些困难。"

"是的，"汤普金斯先生说，"但请告诉我，如果没有物质，会不会还存在我们在学校里学过的那些几何知识，平行线永远不会相交吗？"

"它们不会相交，"教授回答道，"但也不会有物质来验证。也许欧几里得从未存在过，因此可以构造出绝对空无一物的几何？"

但是这位教授显然不喜欢参加这种形而上的讨论。

与此同时，那本笔记本的影像又在原始方向上的远处消失了，并开始第二次返回。现在，它更加模糊了，几乎快要认不出来了。按照教授的说法，这是因为这次光线在整个宇宙传播。

"如果你再转一转你的头，"他对汤普金斯先生说，"你就会看到我的笔记本在完成环球旅行后终于回来了。他伸出手，拿起那本笔记本，把它塞进口袋。"你看，"他说，"宇宙中有这么多的尘埃和石头，几乎不可能看到整个世界。你可能注意到在我们周围有些不成形的影子，它们很可能是我们自己和周围物体的图像。然而，由于灰尘和空间弯曲的不规则性，它们被扭曲得太厉害了，我甚至分不清哪个是哪个。"

"在我们曾经生活的那个大的宇宙中也会发生同样的现象吗？"汤普金斯先生问。

"哦，是的，"他回答道，"但是那个宇宙太大了，光需要几百万年才能绕一圈。在你去理发店的几百万年后，你不需要任何镜子就能看到你后脑勺上的头发被剪掉了。此外，星际尘埃极有可能完全遮蔽了画面。顺便说一句，一位英国天文学家甚至一度认为，现在在天空中可以看到的一些星星只是很久以前就存在的星星的图像，不过这多半是开玩笑的。"

汤普金斯先生厌倦了努力去理解教授所有的这些解释，他环顾四周，惊奇地发现天空的景象已经发生了很大的变化。周围的

灰尘似乎少了些，他取下仍缠在脸上的手帕。这些小石块通过的频率大大降低，撞击岩石表面的能量也大大降低。最后，他一开始就注意到的几块如同真人大小的大石头渐行渐远，几乎已经看不到了。

"唉，生活当然是越来越舒服了，"汤普金斯先生想，"我总是害怕那些移动的石头会打到我。您能解释一下我们周围环境的变化吗？"他一边说话，一边转向教授。

"这很容易解释：我们这个小小的宇宙正在迅速膨胀，自从我们来到这里以来，它的大小已经从 8 千米增加到了大约 160 千米。我一来到这里，就从远处物体的泛红中注意到了这种膨胀。"

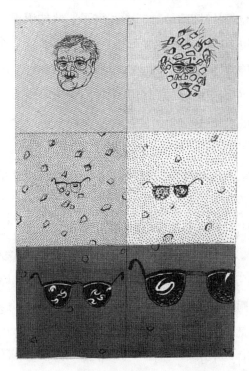

宇宙在无限地膨胀和冷却

(改编自 1960 年 1 月 16 日《悉尼每日电讯报》的一幅漫画)

汤普金斯先生说："好吧，我也看到了，在很远的地方，所有的东西都是粉红色的，但为什么这就意味着扩张呢？"

"你有没有注意到，"教授说，"火车驶近时的汽笛声听起来很高，但当火车从你身边驶过时，汽笛声就低得多了？这就是所谓的多普勒效应：音高与声源速度的关系。当整个空间膨胀时，位于其中的每一个物体都以与它到观察者的距离成正比的速度离开。因此，这些物体发出的光越来越红，这在光学上就相当于一个较低的音调。物体越远，移动得越快，在我们看来就越红。在我们古老而美好的宇宙中，它也在膨胀，这种变红的现象，或者我们所说的红移，让天文学家能够估计非常遥远的星系的距离。例如，离我们最近的星系，所谓的仙女座星系，显示出 0.05% 的红化，这对应着光在 80 万年中走过的距离。但是，也有一些星系处于我们目前望远镜观测能力的极限范围内，显示出大约 15% 的红化，这相当于几亿光年的距离。据推测，这些星系几乎都位于大宇宙"赤道"的中点上，而地球上的天文学家所知道的空间的总体积代表了宇宙总体积的相当大的一部分。目前宇宙的膨胀速度大约是每年 0.000 000 01%，而我们现在所处的小宇宙相对来说变大得快得多，每分钟增长 1% 左右。"

"这种膨胀不会停止吗？"汤普金斯先生问。

"当然会的，"教授说。"然后收缩就开始了。每个宇宙都在一个非常小的半径和一个非常大的半径之间脉动。对于大宇宙来说，周期相当长，大约是数十亿年，但是我们的小宇宙的周期只有两个小时。我认为我们现在正处于最大膨胀的状态。你注意到有多冷了吗？"

事实上，充满整个宇宙的热辐射，现在分布在一个非常大的体积里，只给他们的小星球提供了很少的热量，因此温度大约在

冰点。

"我们很幸运，"教授说，"即使在膨胀的这个阶段，最初也有足够的辐射放出热量。否则，因为太冷，岩石周围的空气就会凝结成液体，我们就会被冻死。但是收缩已经开始，很快就会再次回暖。

汤普金斯先生注视着天空，注意到所有远处的物体都从粉红色变成了紫罗兰色，据教授说，这是由于所有的星体都开始向它们移动。他还记得教授打过一个比方，说有一列火车开过来了，汽笛的音调很高，他吓得浑身发抖。

"如果现在一切都正在收缩中，难道我们不应该预测，宇宙中所有的大石头很快都将聚在一起，把我们压在当中挤扁吗？"他焦急地问教授。

"正是这样，"教授平静地回答，"但我认为，即使在这之前，温度也会升得很高，我们都会分解成不同的原子。这是一幅宇宙大终结的微缩图，所有的东西都会混合成一个统一的热气团，只有经过新的膨胀，新的生命才会重新开始。"

"噢，天啊！"汤普金斯先生先生喃喃自语，"就像您说的，在大宇宙中，还有几十亿年才会有尽头，但在这里，对我来说，一切都太快了！即使是穿着睡衣，我已经感觉很热了。"

"最好别把它们脱下来，"教授说，"没用的。你就躺下来吧，尽可能长时间地进行观察吧。"

汤普金斯先生没有回答。空气热得令人无法忍受。尘土在他周围越积越厚，他觉得自己好像被裹在一张柔软温暖的毯子里。他做了一个挣脱的动作，他的手伸到了凉爽的空气中。

"我在那荒凉的宇宙里挖了个洞吗？"这是他的第一个想法。他想向教授询问此事，但到处都找不到他。然而，在清晨的微光中，

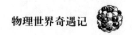

他认出了熟悉的卧室家具的轮廓。他躺在床上，紧紧地裹在一条羊毛毯里，刚刚把一只手从毛毯里抽出来。

"新生命从膨胀开始，"他回忆起老教授说的话，"感谢上帝，我们还在膨胀中！"然后他就去进行早晨的沐浴了。

6 宇宙歌剧

那天早晨吃早饭时，汤普金斯先生把前一天晚上做的梦告诉了教授，而教授半信半疑地倾听着他的讲述。

"宇宙的坍塌，"他说，"当然会是一个非常戏剧性的结局，但我认为星系相互退行的速度是如此之快，以至于现在的膨胀永远不会变成坍塌，而宇宙将随着星系在空间中的分布越来越稀薄而继续不断膨胀。当所有形成星系的恒星都因核燃料耗尽而燃烧殆尽时，宇宙就会变成一个由寒冷和黑暗的天体聚集而成的大集合，分散到无穷远处。"

"然而，也有一些天文学家不这么认为。他们提出了所谓的"稳态宇宙论"，根据该理论，宇宙在时间上保持不变：我们今天看到的它的存在状态与无限远的过去大致相同，并且在无限远的将来也将继续如此存在。当然，维持世界现状符合大英帝国良好的古老原则，但我并不倾向于认为这种稳态理论是正确的。顺便说一下，这个新理论的创始人之一，剑桥大学的某位理论天文学教授，写了一部关于这个主题的歌剧，下周将在考文特花园首演。你为什么不给莫德和你自己预订门票去听听呢？这可能很有趣。"

从海滩回来几天后，天气变得就像大多数海峡海滩的天气一样阴冷多雨，汤普金斯先生和莫德舒服地坐在歌剧院的红色天鹅绒椅子上休息，等待大幕拉开。前奏开始了紧张的变奏，乐队指挥不得不在结束前更换两次礼服的衣领。当幕布终于拉开时，观众席上的每个人都不得不用手掌遮住眼睛，因为舞台上的灯光实在是太过耀眼了。从舞台上射出的强烈的光束很快照亮了整个大厅，一楼观众席和二楼的包厢变成了一片灿烂的光的海洋。渐渐地，光亮消失了，汤普金斯先生发现自己似乎在黑暗的空间里飘浮，快速旋转的燃烧的火炬照耀着，这些火炬就像夜晚的节日中使用的火轮。现在，看不见的管弦乐队演奏的音乐响起，听起来好像是管风琴演奏。汤普金斯先生看见他附近有一位身穿黑色法衣、戴着牧师衣领的先生。根据剧本，这位来自比利时的阿贝·乔治·勒梅特是第一个提出宇宙膨胀理论的人，这个理论通常被称为"大爆炸"理论。

汤普金斯先生看见穿着黑色牧师服、戴着牧师衣领的男人

汤普金斯先生仍然记得他的咏叹调的第一个小节：

哦，一切起源的原子！

容纳万物的原子！

分裂成了非常小的碎片

　　正在形成的星系啊

　　拥有着原始的能量！

哦，放射性的原子啊！

哦，容纳万物的原子！

哦，宇宙的原子，

　　是上帝的杰作！

长久的演变

强烈的焰火

留下了灰烬

我们矗立在中心

我们面对着衰退的太阳，

努力回忆

最初的壮丽景致

哦，宇宙的原子

是上帝的杰作！

在勒梅特神父完成了他的咏叹调之后，一个高大的男子出现在那里，他是俄罗斯物理学家乔治·加莫夫，他过去三十年中一直都在美国度假，这是他唱的歌：

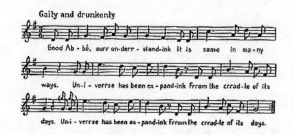

好神父啊，我们的认知

在很多方面都是一致的。

宇宙在膨胀

从它在襁褓之中开始。

宇宙在膨胀

从它在襁褓之中开始。

你之前说它在运动中膨胀。

我很遗憾我不同意，

我们的观念有所不同。

　　关于它如何形成的

　　　　我们的观点有所不同

　　　　关于它如何形成的。

这是中子流体，而不是

　　如您所说，一切起源的原子。

这是无限的，如往常一样

　　这是无限的古老。

　　　　这是无限，如往常一样

　　　　这是无限的古老。

在一个无限之处

　　在坍塌中，气体遭遇了自己的命运

数十亿年前

　　达到最密集的状态。

　　　　数十亿年前

　　　　达到最密集的状态。

那时所有空间都是光彩照人的

　　在那个关键时刻

对物质的光是超然的

　　就像计量器对于韵律。

　　　　对物质的光是超然的

　　　　就像计量器对于韵律。

每吨辐射

那时物质是一盎司，

直到冲动性的膨胀

在那可怕的暴躁状态中反弹。

直到冲动性的膨胀

在那可怕的暴躁状态中反弹。

那时的光渐渐淡了。

亿年的岁月流逝……

物质，超越光

供应充足。

物质，超越光

供应充足。

物质然后开始凝结

（吉恩斯的假设就是这样）。

巨大的气态云在分散

被称为原星系。

巨大的气态云在分散

被称为原星系。

原星系被粉碎，

飞出黑夜。

星星从它们中形成，散落开来，

空间充满了光。

星星从它们中形成，散落开来，

空间充满了光。

星系一直在旋转，

　星星会燃烧到最后的火花，

直到我们的宇宙变得稀薄，

　并且变得毫无生气、寒冷和黑暗。

　直到我们的宇宙变得稀薄，

　并且变得毫无生气，寒冷和黑暗。

　　汤普金斯先生还记得第三首咏叹调是由歌剧的作者本人完成的，他突然从闪闪发光的星系之间出现，他从口袋中拉出了一个新生的星系，然后歌唱：

been, shall ev-er be For so say Bon — di, Gold and I.

遵照天堂的命名，宇宙
　　从来不是在过去的时间里形成的，
但它是，曾经是，永远是
　　保持不变！
我们宣布了稳定的状态！

衰老的星系分散，
　　燃尽，然后退出舞台。
是，曾经是，永远都是。
　　噢，噢宇宙啊，噢宇宙啊，保持不变！
我们宣布了稳定的状态！

衰老的星系分散了，
　　燃尽，然后退出舞台。
但一直以来，宇宙
　　过去是，现在是，将来是，一直是。
　　保持，啊，宇宙，啊，宇宙，保持不变！
　　我们宣布了稳定的状态！

还有新的星系在凝聚

一如既往，从无到有。

（勒梅特和伽莫夫，无意冒犯！）

所有的一切，将永远存在。

保持，啊，宇宙，啊，宇宙，保持不变！

我们宣布了稳定的状态！

但是，尽管有这些鼓舞人心的话，周围空间里的所有星系都逐渐消失了，最后，天鹅绒帷幕降下，大歌剧院里的烛台取而代之。

"噢，西里尔，"他听见莫德说，"我知道你随时都可以在任何地方睡着，但你不应该在考文特花园睡着！整场演出你都在睡觉！"

当汤普金斯先生把莫德送回她父亲家时，教授正坐在自己舒适的椅子上，手里拿着新到的月刊。

"嗯，演出怎么样？"他问。

"噢，太棒了！"汤普金斯先生说，"我对不断上演的宇宙咏叹调印象特别深刻。它们听起来令人安心。"

"请谨慎对待这一理论，"教授说，"你不知道那句谚语吗？'闪光的不一定都是金子'？我正在读另一位剑桥人马丁·莱尔的一篇文章，他建造了一个巨大的射电望远镜，它能够观测到比坐落于帕洛玛山的5米光学望远镜所能观测的距离大几倍的星系。他的观测表明，这些非常遥远的星系彼此之间的距离比我们周围的星系要近得多。"

"您的意思是说，"汤普金斯先生问，"我们所在的宇宙区域内的星系非常稀少，当我们越走越远时，星系群的密度就会增加吗？"

"根本不会，"教授说，"你必须记住，由于光速有限，当你望向遥远的空间时，你也望向遥远的过去。例如，由于光从太阳到这里需要8分钟，所以地球上的天文学家观测到太阳表面的耀斑有8分钟的延迟。我们最近的太空邻居——仙女座的一个螺旋星系的照片，你一定在天文学书籍中看到过，它距我们大约一百万光年，你看到的照片实际上显示的是它在一百万年前的样子。因此，赖尔通过他的射电望远镜所看到的，是数十亿年前宇宙中那个遥远的地方的情况。如果宇宙真的处于稳定状态，那么这画面在时间上应该是不变的，并且现在从这里观察到的非常遥远的星系在空间上的分布应该不会比较近距离的星系更密集或更少。因此，赖尔的观测结果表明，遥远的星系在太空中似乎更紧密地聚集在一起，这就相当于在几十亿年前遥远的过去，各处的星系都更紧密地聚集在一起。这与稳态理论相矛盾，并支持星系正在分散和它们的数量密度正在下降的原始观点。当然，我们必须谨慎行事，等待赖尔的结果得到进一步证实。"

"顺便说一句，"教授从口袋里抽出一张折起来的纸，继续说道，"这是我的一位富有诗意的同事最近就这个问题写的一节诗，"他读道：

"你多年的辛劳。"

赖尔对霍伊尔说，

"都是虚度年华，相信我。

稳态已经过时了。

除非我的眼睛欺骗了我，

我的望远镜

破灭了你的希望；

你的信条被驳倒。

让我简明扼要地说：

我们的宇宙

一天比一天更大更稀薄！"

霍伊尔说，"你引用

勒梅特，我注意到，

　　还有伽莫夫。好吧，忘记他们！

错误的黑帮

还有他们的大爆炸

　　为什么要帮助他们，教唆他们？

你看，我的朋友，

它没有尽头

　　也没有开始，

如同邦迪，戈尔德，还有我，

我将坚持

　　直到我们的头发开始稀疏！"

"不是这样的！"赖尔哭了

他更用力地拉紧绳索；

　　遥远的星系

如你所见，

挤得更紧了！"

你让我沸腾了！

爆炸的霍伊尔

　　他的语句重新排列；

"新物质的诞生了

每天晚上和早晨。

这种景象是不变的！"

"住嘴，霍伊尔！
我的目标是令你感到挫败
"过一会儿，"
赖尔继续说道，
"我会让你恢复理智的！

"好吧，"汤普金斯先生说，"看到这场争论的结果将会是件令人兴奋的事情。"他在莫德的脸颊上亲了一下，祝他们父女俩晚安。

7 量子台球

　　有一天，汤普金斯先生在银行里工作了一整天，正在回家的路上，他觉得很累。他路过一家酒吧，决定顺便来喝杯啤酒。一杯接着一杯，汤普金斯先生很快就感到头晕目眩。酒吧后面是一间台球室，穿着衬衫的男人们聚在中央的桌子上打台球。他模模糊糊地记得以前来过这里，当时是他的一个同事带他来的，并教他打台球。他走近桌子，开始看比赛。真是怪事！一个玩家把球放在桌上，用球杆击球。汤普金斯先生看着滚动的球，惊奇地发现球开始"弥散"开了。"惊讶不已"是他看到台球的奇怪行为时的唯一表情，球在穿过绿色的台面时，似乎变得越来越模糊，失去了它的轮廓。看起来好像不是一个球滚过桌子，而是许多球，所有的球都有一部分互相穿透。汤普金斯先生以前经常观察到类似的现象，但今天他一滴威士忌也没喝，他不明白现在为什么会发生这种事情。"好吧，"他想，"让我们看看这个稀粥般的球将如何击中另一个球。"

　　那个击球的玩家显然是个行家，那个滚动的球正如预料般的击中了另外一个球。碰撞的声音很响，碰撞的球和碰撞的球（汤普金斯先生不能确定哪个是哪个）都向"各个不同的方向"冲去。是的，非常奇怪：不再只有两个球看上去模糊、像稀粥一般，而是似乎有无数的球，所有的球都非常模糊、像稀粥一般，这些球大约在原来撞击方向180°角的范围内向外滚去。它像是一种从碰撞点扩散开来的奇特的波浪。

但是，汤普金斯先生注意到，在最初的撞击方向上，球的流量是最大的。

"S 波散射，"身后一个熟悉的声音响起，汤普金斯先生认出了教授。"喂，"汤普金斯先生叫道，"这儿又有什么东西弯了吗？在我看来，这张桌子完全是平的。"

白球向四面八方散去

"完全正确，"教授回答道，"这里的空间相当平坦，你所观察到的实际上是一种量子力学现象。"

"哦，这个矩阵！"汤普金斯先生讽刺地说。

"或者更确切地说，是运动的不确定性。"教授说。

"台球室的主人收集在这里的几件物品，如果我可以这样说的话，这些物品是受到'量子象牙症'影响的。事实上，自然界中所有的物体都遵循量子定律，但支配这些现象的所谓量子常数非常非常小；事实上，它的数值在小数点后有 27 个 0。然而，对于这些台球来说，这个常数要大得多，因此你可以很容易地用你自己的眼睛看到一些现象，这些现象是科学家们通过使用非常敏感和复杂的观

察方法才发现的。说到这里，教授沉思了一会儿。

"我并不是吹毛求疵，"他继续说，"但我想知道这个人是从哪儿弄到这些球的。严格地说，它们不可能存在于我们的世界里，因为对于我们世界里的所有物体来说，量子常数都有相同的一个很小很小的值。"

"也许他是从别的世界把这些球引进进来的。"汤普金斯先生提议。但教授并不满意，仍然怀疑。"你已经注意到了，"他接着说，"那些球都'弥散了'。这意味着它们在球桌上的位置并不十分明确。你不能准确地指出球的位置；你最多只能说球'基本上在这里''有时候在其他地方'。"

"这很不寻常。"汤普金斯先生喃喃地说。

"恰恰相反，"教授坚定地说，"这是绝对正常的，因为它总是发生在任何物质实体上。只是，由于量子常数的值很小很小，一般观测方法也很粗糙，人们没有注意到这种不确定性。他们得出的错误结论是：位置或速度总是可以准确测定的量。实际上两者在某种程度上总是不确定的：一个测量得越准，另一个就越测不准。量子常数决定了这两个不确定性之间的关系。听着，我要把这个球放进一个木制的三角形框里，对它的位置做一个明确的限制。"

球一被放进围栏里，整个三角形框里就充满了闪闪发光的象牙色。

"你看！"教授说，"我根据三角形的大小，也就是十几厘米的边长，来确定球的位置。这导致了速度的不确定性，球在边界内快速移动。"

"您不能让它停下来吗？"汤普金斯先生问。

"不，这是不可能的。封闭空间中的任何物体都具有某种运动，我们物理学家称之为零点运动。例如，电子在任何原子中的运动。"

当汤普金斯先生看着球像笼子里的老虎一样在围栏里来回奔跑

时，发生了一件不寻常的事。球竟从三角形框的框边"漏出来"，接着就滚向球桌的一个遥远的角落。奇怪的是，它真的没有跳过框边，仅仅只是穿过框边，它并没有从桌子上跃起来。

"好吧，您看吧，"汤普金斯先生说，"您的'零点运动'跑掉了。这也是符合规定的吗？"

"当然是的，"教授说，"事实上，这是量子理论最有趣的结果之一。如果有足够的能量让你在穿过围墙后逃跑，你就不可能把任何东西装在围墙里。这个物体迟早会'泄漏'出去。""那我就再也不去动物园了。"汤普金斯先生果断地说，他那生动的想象力立刻勾勒出一幅可怕的画面：狮子和老虎从笼子的墙壁里"漏出来"。然后，他的思绪又转到另一个方向：他想到一辆锁在车库里的汽车，像中世纪的幽灵一样，从车库里穿墙而出。

"我还要等多久，"他问教授，"才能看到一辆用普通的钢材制造的，而不是用这种材料制造的汽车，能够从一间砖砌车库的墙上穿过去？我非常想看看！"

就像一个中世纪的幽灵

教授在脑子里快速地计算了一下，想好了答案："大约需要 100 000 000……000000 年。"

虽然汤普金斯先生已经习惯了银行账户上的巨大数字，但他还是记不住教授提及的零的数目。不过，他已经不再担心自己的车会跑掉了，因为这个时间实在是太长了！

"假设我相信你所说的一切。不过，要是我们这儿没有这些球，我怎么能看到发生了这些事情呢。"

"一个合理的反对意见，"教授说。"当然，我的意思并不是说量子现象适用于观察你们经常打交道的那些大物体。我的重点是，量子定律的效应在应用于很小的质量（如原子或电子）时变得更加明显。对于这些粒子，量子效应是如此之大，以至于普通力学变得非常不适用。两个原子之间的碰撞看起来就像你刚才观察到的两个台球之间的碰撞，原子内电子的运动与我放在木三角框里的台球的'零点运动'非常相似。"

"原子经常从'车库'里跑出来吗？"汤普金斯先生问。

"哦，是的，它们会的。你当然听说过放射性物质，它们的原子会自行衰变，释放出高速的粒子。这样一个原子，或者更确切地说，它的中心部分称为原子核，与汽车库十分相似，汽车库中存放着汽车，即其他粒子。它们确实是从核壁中'漏出去'的，有时它们在里面还待不到 1 秒钟。在这些原子核中，量子现象变得非常普遍！"

谈话谈了这么久，汤普金斯先生感到非常疲倦，他心烦意乱地东张西望。他的注意力被屋子角落里的一座大落地钟吸引过去了。那根老式的长钟摆正在慢慢地来回摆动。

"我看你对这个钟很感兴趣，"教授说，"这也是一种不太常见的机械，但目前已经过时了。时钟只是代表了人们最初思考量子现象的方式。然而，现在所有的钟表匠都更喜欢使用巧妙的'摆锤'。"

"啊，我希望我能理解所有这些复杂的事情！"汤普金斯先生叫道。

"那太好了，"教授对此回答道，"我正准备去做有关量子理论的讲座，因为我正好透过窗户看到了你，所以进来了这家酒吧。我要走了，不然我上课就要迟到了。你愿意一起去吗？"

"哦，是的，我想去！"汤普金斯先生说。

像往常一样，大礼堂里挤满了学生，汤普金斯先生甚至很高兴能在阶梯上找到一个座位。

教授开始讲演了：

女士们先生们：

我之前的两次演讲都试图向你们展示，所有物理速度的上限的发现以及直线概念的分析，是如何使我们完全重建关于空间和时间的古典概念的。

然而，物理学基础批判分析的发展并没有在这个阶段停止，还有更多惊人的发现和结论在等待着我们。我指的是被称为量子理论的物理学的一个分支，它不太关心空间和时间本身的属性，而是关心物质物体在空间和时间中的相互作用和运动。在古典物理学中，人们认为任何两个物理实体之间的相互作用都可以按实验条件所要求的那样小，而且在必要时几乎可以减到零，这是不言而喻的。例如，如果在研究某些过程中产生的热量时，有人担心温度计的引入会带走一定量的热量，从而在正常的观察过程中产生干扰，那么实验员总是确信，通过使用更小的温度计或非常小的热电偶，这种干扰可以减少到所需精度的限度以下。

人们深信，原则上任何物理过程都可以以任何需要的精确度观察到，而不会被观察行为本身所干扰，这种信念是如此强烈，以致

没有人费心去明确地提出这样一个命题，而所有这类问题一直被视为纯粹的技术难题。然而，自 20 世纪初以来不断积累的新的经验事实使物理学家们不断得出这样的结论：实际情况要复杂得多，自然界中存在着某种永远无法超越的相互作用的下限。对于我们在日常生活中所熟悉的各种过程来说，这种精确度的自然极限是微不足道的，但当我们在处理发生在原子和分子这样微小的力学系统中的相互作用时，它就变得相当重要了。

1900 年，德国物理学家马克斯·普朗克在从理论上研究物质和辐射之间的平衡条件时，得出了一个惊人的结论：除非我们假设物质和辐射之间的相互作用不像我们通常假设的那样是连续发生的，而是在一系列不连续的"冲击"中发生的，否则就不可能有这种平衡。为了得到理想的平衡，并与实验事实达成一致，有必要引入一个简单的数学关系，即在每次冲击中传递的能量的量与导致能量传递的过程的频率（周期的倒数）之间的比例关系。

因此，用符号"h"表示比例系数，普朗克不得不接受能量传递的最小部分或量子必须由下述表达式给出：

$$E = h\nu, \tag{1}$$

其中 ν 代表频率。常数 h 的数值为 6.626×10^{-34} 焦·秒，通常称为普朗克常数或量子常数。因为它的数值很小，所以量子现象在我们的日常生活中通常是观察不到的。

普朗克思想的进一步发展归功于爱因斯坦，几年后，他得出这样的结论：辐射不仅以明确的离散部分发射，而且它总是以这种方式存在，由许多离散的"能包"组成，他称之为光量子。

光量子在运动时，除了能量 $h\nu$ 外，还应具有一定的动量，根据相对论力学，该动量应等于其能量除以光速 c。记住，光的频率与波长 λ 有关，$\upsilon = c/\lambda$，我们可以写出光量子的动量 ψ：

$$P = \frac{h\nu}{c} = \frac{h}{\lambda}. \tag{2}$$

由于运动物体的冲击所产生的力学作用是由它的动量决定的，所以我们必须得出这样的结论：光量子的作用随其波长的减小而增加。

美国物理学家阿瑟·康普顿在研究光量子与电子之间的碰撞时，得出了这样一个结果：电子在一束光的作用下开始运动，其运动表现就像被一个粒子撞击一样，而粒子的能量和动量是由先前给出的公式所给出的，他的研究为光量子及其能量和动量概念的正确性提供了最好的实验证据之一。在与电子碰撞后，光量子本身也发生了某些变化（它们的频率），这与理论的预测非常吻合。

目前我们可以说，就辐射与物质的相互作用而言，辐射的量子性质是一个公认的实验事实。

量子思想的进一步发展要归功于著名的丹麦物理学家尼尔斯·玻尔。玻尔在 1913 年首次提出这样的观点：任何力学系统的内部运动只可能具有一组分立的能量值，而且运动只能通过有限的跳跃来改变它的状态，即在每一次这样的跃迁中，辐射一定数量的能量。定义力学系统可能状态的数学规则比辐射的情况要复杂得多，我们不准备在这里讨论它们的公式。我们只需要指出，就像光量子的情况一样，动量是通过光的波长来定义的，所以在力学系统中，任何运动粒子的动量都与它所运动的空间区域的几何尺寸有关，其数量级由表达式给出

$$P_{\text{粒子}} \cong \frac{h}{l}, \tag{3}$$

l 是运动区域的线性尺寸。因为量子常数的值极小，所以量子现象只对发生在原子和分子内部这样小区域内的运动具有重要意义，它们对我们认识物质的内部结构起着非常重要的作用。

詹姆斯·弗兰克和古斯塔夫·赫兹的实验最直接地证明了这些

微小力学系统的分立能态的存在，他们用不同能量的电子轰击原子，注意到只有当轰击电子的能量达到一定的分立值时，原子状态才会发生一定的变化。如果把电子的能量降到一定限度以下，在原子中就观察不到任何现象，因为每个电子携带的能量不足以使原子从第一量子态上升到第二量子态。

因此，在量子理论发展的第一个初步阶段结束时，这种情况就可以被描述为：它不是对古典物理学的基本概念和原理的修正，而是它或多或少受到某种神秘的量子条件的人为限制。然而，如果我们更深入地观察古典力学定律和我们扩展经验所需要的这些量子条件之间的联系，我们将会发现，它们的统一所得到的系统存在着逻辑上的不一致，而经验性的量子限制使古典力学所基于的基本概念失去了意义。实际上，古典理论中关于运动的基本概念是，任何运动的粒子在任何给定的时刻都占据空间中的某个位置，并具有确定的速度，以表征其在轨迹上的位置随时间的变化。

这些关于位置、速度和轨迹的基本概念，是建立在所有古典力学理论的基础上的，是通过对我们周围现象的观察而形成的（就像我们所有其他的概念一样）。而且，就像空间和时间的经典概念一样，一旦我们的经验扩展到新的、以前没有探索过的领域，这些基本概念就可能受到深远的修改。

如果我问一个人为什么他认为任何运动的粒子在任何给定的时刻都占据一个特定的位置，并在一段时间内能够描述一条称为轨迹的确定的线，他很可能会回答："因为当我观察运动的时候，我看到的就是这样。让我们来分析一下这种形成轨迹的经典概念的方法，看看它是否真的会导致一个明确的结果。为了这个目的，我们想象一个物理学家提供了某种最敏感的仪器，试图追踪从他实验室的墙壁上扔出的一个小物体的运动。他决定通过"看"物体如何运动来进行观察，为此他使用了一个虽小但非常精确的经纬仪。当然，为了看到移动的物体，他必须照亮它，而且，他知道光通常会对物体产生压力，可能会干扰它的运动，所以他决定只在他观察的时候使用短暂的闪光照明。在他的第一次实验中，他只希望观察轨迹上的10个点，因此他选择的手电筒光源非常微弱，以至于连续10次照明中光压产生的总效应应该在他需要的精度范围内。因此，在物体下落的过程中，他将自己的光闪烁10次，以期望的精度获得轨迹上的10个点。

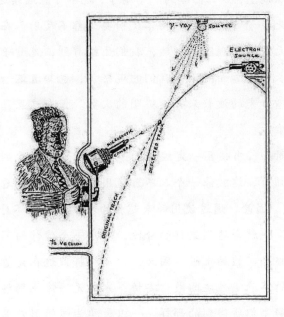

海森堡的伽马射线显微镜

现在他想重复实验，得到100个点。他知道连续100次的光照会过多地干扰运动，因此，在准备第二组观测时，他会选择强度小10倍的手电筒。在第三组观察中，他想要得到1000个点，于是把手电筒的亮度调暗了100倍。

通过这种方法，在不断降低光照强度的情况下，他就可以获得他想要的轨迹上的任意多的点，而永远不会超过他一开始选择的可能误差的极限。这是高度理想化的，但原则上很有可能，这个过程代表了通过"观察运动物体"来构造运动轨迹的严格逻辑方法，你可以看到，在古典物理学的框架中，它是很有可能的。

但是现在让我们看看如果我们引入量子限制，并考虑到任何辐射的作用只能以光量子的形式转移的事实，会发生什么。我们已经看到，我们的观察者不断地减少照亮运动物体的光的量，我们现在可以期望，一旦他降到一个量子，就不可能继续这样做了。要么整个光量子都被运动的物体反射要么都不反射，在后者的情况下，就无法进行观测。当然，我们已经看到，光量子的碰撞效应随着波长的增加而减小，我们的观察者，也知道这一点，一定会试图用增加光的波长来补偿观测的次数。但在这里，他将遇到另一个困难。

众所周知，当使用一定波长的光时，人们无法看到比所用波长更小的细节，这就像一个人不可能用粉刷房子的画笔来画波斯的微型画！因此，通过使用越来越长的波，他将破坏对每一个点的估计，很快就会达到这样的阶段，即每一个估计的不确定程度相当于他整个实验的上限。因此，他最终将被迫在大量观测点和每次估算的不确定性之间做出妥协，永远无法像他那些研究古典物理学的同事们所得到的那样——以数学曲线的形式描述的精确轨迹。他所能得到的最好结果是一条相当宽的带，而如果他把他对于轨迹的概念建立在自己的经验的结果上，那么它将与古典概念相当的不同。

这里讨论的方法是一种光学方法，我们现在可以尝试另一种可能性，使用机械方法。为此，我们的实验员可以设计一种小型机械

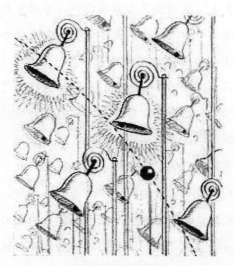

弹簧上的小铃铛

装置，比如弹簧上的小铃铛，当物体从它附近经过时，它就会记录下物体的路径。他可以在移动的物体将要经过的空间中散布大量这样的"钟声"，而在通过之后，"钟声"将指出它的轨迹。在古典物理学中，人们可以把铃铛做得像自己喜欢的那样小而灵敏，在无限多的无限小的铃铛的极限情况下，轨迹的概念可以以任何想要的精度重新形成。然而，机械系统的量子限制将再次破坏这种情况。如果铃铛太小，根据公式 (3)，它们从运动物体上获得的动量就太大，即使只打中了一个铃铛，运动也会受到很大的干扰。如果铃铛很大，每个位置的不确定性就会很大。最后推断出的轨道将再次是一个弥散的带！

　　我担心所有这些关于实验者试图观察轨迹的考虑可能会给人一种太过专业的印象，你会倾向于认为，即使我们的观察者不能用他所使用的方法来估计轨迹，其他一些更复杂的设备会给出想要的结果。然而，我必须提醒你，我们在这里讨论的并不是在某个物理实验室进行的任何特定实验，而是对物理测量这一最普遍问题的理想

化。只要存在于我们这个世界上的任何行为可以分为辐射作用或纯粹机械作用，任何精心设计的测量方案必然会简化为这两种方法所描述的要素，并最终导致相同的结果。就我们理想的"测量仪器"所能涉及的所有物理世界而言，我们最终应该得出这样的结论：在一个受量子定律支配的世界里，诸如精确位置和精确形状的轨迹之类的东西是不存在的。

我们现在回到我们的实验者那里，试图得到量子条件所施加的限制的数学形式。我们已经看到，在这两种方法中，位置估计和运动物体速度的扰动总是存在冲突。由于动量守恒的力学定律，粒子与光量子的碰撞将在粒子的动量中引入一种测不准性，这种测不准性与所使用的光量子的动量相当。因此，利用公式 (2)，我们可以写出粒子动量的测不准性：

$$\Delta P_{粒子} \cong \frac{h}{l}, \tag{4}$$

又由于粒子位置的测不准性是由波长（$\Delta q \cong \lambda$）给出的，我们可以推导出：

$$\Delta P_{粒子} \times \Delta q_{粒子} \cong h. \tag{5}$$

在力学中，移动的粒子的动量将由铃铛所取的量来确定。使用我们的公式（3）并记住，在这种情况下，位置的测不准性是由钟的大小（$\Delta q \cong l$）给出的，我们再次得到与前一种情况相同的公式。因此，由德国物理学家维尔纳·海森堡首先提出的关系式（5）代表了量子理论的基本的测不准关系——位置测定得越准确，动量就变得越测不准，反之亦然。

记住动量是运动粒子的质量和它的速度的乘积，我们可以这样写

$$\Delta v_{粒子} \times \Delta q_{粒子} \cong \frac{h}{m_{粒子}}. \tag{6}$$

对于我们通常接触的物体来说，它是非常小的。一个质量为

0.0000001 克的较轻的灰尘颗粒，其位置和速度的测量精度可达到 0.000 000 01%！然而，对于一个电子（质量为 10^{-27} 克）来说，乘积应该是数量级 100。在原子内部，电子的速度至少应限定在 $\pm 10^{10}$ 厘米/秒内，否则它将从原子中逃逸。这给出了 10^{-8} 的不确定性，即是一个原子的总尺寸。因此，在原子中，电子的"轨道"被扩展得如此之大，以至于轨道的"厚度"等于它的"半径"。因此，这个电子看上去同时出现在原子核周围的每个位置。

在过去的二十分钟里，我试图向你们展示一幅我们对古典运动思想的批判所造成的灾难性后果的图片。优雅而清晰的古典概念被打破，取而代之的是我所说的无形的稀粥。你可能会很自然地问我，物理学家究竟要如何描述这个充满测不准性的海洋中的任何现象。答案是，到目前为止，我们已经摧毁了古典的概念，但我们还没有得出一个新的概念的精确公式。

我们现在就着手做这件事。很明显，如果我们不能通过一个数学点来定义一个物质粒子的位置，也不能通过一条数学线来定义它的运动轨迹，因为物质已经弥散了，我们应该使用其他的描述方法，也就是说，在不同的空间点上给出"稀粥的密度"。从数学上讲，它意味着使用连续函数（例如在流体力学中使用），从物理上讲，这要求我们习惯于这样的表达："这个物体主要在这里，但有一部分在那里，甚至在那边"，或者"这个硬币 75% 在我的口袋里，25% 在你的口袋里"。我知道这样的句子会吓到你，但由于量子常数的值很小，你在日常生活中永远不会用到它们。然而，如果你要学习原子物理学，我强烈建议你首先要习惯这样的表达。

我必须在这里警告你们不要有这样一种错误的想法，即描述"出现密度"的函数在我们普通的三维空间中具有物理现实性。事实上，如果我们描述两个粒子的行为，我们必须回答在一个地方出现第一

个粒子，在另一个地方同时出现第二个粒子的问题；为了做到这一点，我们必须使用一个包含 6 个变量 (两个粒子的坐标) 的函数，而这个函数不能在三维空间中"定位"。对于更复杂的系统，必须使用更多变量的函数。从这个意义上说，"量子力学函数"类似于古典力学中粒子系统的"势函数"或统计力学中系统的"熵"。它只描述运动状态，并帮助我们预测在给定条件下任何特定运动的结果。物理现实与我们所描述的粒子运动保持一致。

描述粒子或粒子系统在不同地方存在的程度的函数需要一些数学符号，根据奥地利物理学家欧文·薛定谔的做法，他首先写出了定义该函数性状的方程，用符号 $\psi\psi$ 表示。

我不打算在这里讨论他的基本方程的数学证明，但我要提请你们注意推导它的要求。这些要求中最重要的一点非常的不寻常：方程必须写成这样一种形式，即描述物质粒子运动的函数应该表现出波的所有特性。

法国物理学家路易·德·布罗意在对原子结构进行理论研究的基础上，首先指出了将波的特性赋予物质粒子运动的必要性。在接下来的几年里，通过大量的实验，物质粒子运动的波动特性得到了很好的证实，例如电子光束穿过一个小开口的衍射现象，甚至像分子这样相对较大和复杂的粒子也会发生干涉现象。

从古典运动概念的观点来看，观测到的物质粒子的波的性质是完全不可理解的，布罗意本人也被迫接受了一种相当不自然的观点：这些粒子"伴随"着某种可以说是"指导"它们运动的波。

然而，当古典的概念被打破，我们开始用连续函数来描述运动时，波的特性的要求就变得容易理解了。它只是说，我们的函数的传播并不类似于 (比方说) 热量通过一面加热的墙的传播，而是类似于机械变形 (声音) 通过同一面墙的传播。从数学上讲，它要求我们所寻找的方程是一种明确的、相当有限的形式。它的基本条件，加上附加的要求，即当我们的方程应用到大质量的粒子上时，应该涉及古典力学的方程，量子效应应该可以忽略不计，实际上把这个方程的求解问题简化为一个纯粹的数学练习。

如果你对方程的最终形式感兴趣，我可以写在这里。这是：

$$\nabla^2\psi + \frac{4\pi mi}{h}\,\psi - \frac{8\pi^2 m}{h}U\psi = 0. \tag{7}$$

这个方程，函数 U 代表作用在粒子（质量为 m）的力势，它给出了对于任何给定的力的分布的运动问题的一个确定的解。这个"薛定谔波动方程"的应用，使物理学家们在它存在的四十年里，对原子世界中发生的所有现象形成了最完整、逻辑上最一致的图景。

你们中的一些人可能会想，到目前为止，我还没有使用"矩阵"这个词，这个词经常与量子理论联系在一起。我必须承认，就我个人而言，我不喜欢这些矩阵，宁愿不使用它们。但是，为了不让你们对这个量子理论的数学工具一无所知，我还是要介绍两句。一个粒子或一个复杂力学系统的运动，正如你所见，总是由某些连续波函数来描述的。这些函数通常是相当复杂的，可以表示为由一些更简单的振荡，所谓的"本征函数"组成，就像一个复杂的声音可以由一些简单的谐波音符组成一样。

人们可以通过给出其不同分量的振幅来描述整个复杂运动。由于分量（泛音）的数量是无限的，我们必须把振幅的无限表写成这样的形式：

$$
\begin{array}{cccc}
q_{11} & q_{12} & q_{13} & \cdots \\
q_{21} & q_{22} & q_{23} & \cdots \\
q_{31} & q_{32} & q_{33} & \\
\cdots & \cdots & \cdots & \cdots
\end{array} \tag{8}
$$

　　这样一个表格，它适用于相对简单的数学运算规则，被称为与给定运动相对应的"矩阵"，一些理论物理学家更喜欢用矩阵来运算，而不是处理波函数本身。因此，他们有时所说的"矩阵力学"只是普通"波动力学"的数学修正；在这些主要讨论重要问题的讲座中，我们不需要更深入地探讨这些问题。

　　很抱歉，时间不允许我向你们描述量子理论与相对论的关系的进一步进展。这一发展，主要归功于英国物理学家保罗·阿德里安·莫里斯·狄拉克的工作，带来了许多非常有趣的观点，也带来了一些极其重要的实验发现。我也许可以在别的时候再回到这些问题上来，但是现在我必须停下来，我希望这一系列的讲座已经帮助你们更清楚地了解了物理世界的各种概念，并激发了你们进一步研究的兴趣。

8 量子丛林

第二天早上汤普金斯先生正在床上打盹，这时他意识到有人在房间里。他环顾四周，发现他的老朋友教授正坐在扶手椅上，专心致志地研究摊在他膝盖上的一张地图。

"你要一起来吗？"教授抬起头问道。

"要去哪里？"汤普金斯先生问道，他仍然想知道教授如何进入他的房间的。

"当然是去看大象，还有量子丛林里的其他动物。我们最近去的那家台球室的主人告诉了我一个秘密——他打台球用的象牙球是从哪里来的。你看到我用红色铅笔在地图上标出的这个地区了吗？它里面的一切似乎都受量子定律的制约，而且量子常数很大。当地人都认为这个国家的这一地区都住着魔鬼，所以恐怕我们很难找到一个向导。但是如果你想一起来，你最好快点。一小时后船就要开了，我们还得去接理查德爵士。"

"谁是理查德爵士？"汤普金斯先生问。

"你没听说过他的大名吗？"教授显然很吃惊，"他是一个著名的猎虎者，当我答应他肯定会有非常有趣的狩猎活动时，他决定和我们一起去。"

他们按时到达码头，看到装满了长箱子的盒子，里面装有理查德爵士的来复枪和教授从量子丛林附近的铅矿获得的铅制成的特殊

子弹。当汤普金斯先生将自己的行李放到客舱中时，船的持续震动告诉他，他们已经启航了。大海航行并无特别之处，汤普金斯先生几乎没有注意到时间的流逝，直到他们在一座迷人的东方城市停靠、上岸。这座东方城市是离神秘量子区域最近的、有人居住的地方。

"现在，"教授说，"我们必须为内陆旅行去买一头大象。因为我认为没有一个本地人会同意和我们一起去，所以我们将不得不自己驾驭大象，而你，我亲爱的汤普金斯，将不得不担负起这项工作。我将忙于我的科学观察，而理查德爵士必须得要摆弄这些武器。"

汤普金斯先生很不高兴，当他来到城市郊区的大象市场时，他看到了这些巨大的动物，他将要不得不驾驭其中的一头。理查德爵士对大象很了解，他挑选了一头很不错的大象，然后向主人询问这头大象的价格。

'Hrup hanweck 'o hobot hum. Hagori ho, haraham oh Hoho-hohi.' 当地人回答，露出了他那闪亮的牙齿。

"他想要很多钱，"理查德爵士翻译道，"他说这是一头来自量子丛林的大象，因此更贵。我们接受吗？"

"当然可以，"教授解释道，"我在船上听说，有时会有来自量子丛林的大象被当地人捕获，它们比其他地区的大象要好得多，就我们的情况而言，这会带给我们很大的优势，因为这种动物会让我们在丛林中有宾至如归的感觉。"

汤普金斯先生从各个不同角度打量着大象。这是一种非常漂亮的大型动物，但它的行为与他在动物园里看到的大象的行为并没有什么明显的区别。他转向教授，说："您说这是一头量子大象，但在我看来，它和普通的大象没什么两样，也不像某些同类的长牙做成的台球那样古怪。为什么它不向四面八方弥散呢？"

"你的理解能力特别差，"教授说，"这是因为它的质量非常大。

我之前告诉过你，所有的位置和速度的测不准性都取决于质量；质量越大，测不准性越小。这就是为什么在普通的世界中，即使是像尘埃这样轻的物体，也观察不到量子定律的原因，而对比它们轻数十亿倍的电子来说，量子定律变得非常重要。现在，在量子丛林中，量子常数相当大，但仍然不足以对大象这样重的动物的行为产生惊人的影响。量子大象位置的测不准性只能通过仔细观察它的轮廓来发现。你可能已经注意到，它的皮肤表面不是很明确，似乎有点模糊。随着时间的流逝，这种测不准性会非常缓慢地增加，我认为这就是当地传说的起源——来自量子丛林的非常古老的大象拥有长长的毛。但我预计，所有较小的动物都会显示出非常显著的量子效应。"

"我们这次不是骑马远行，"汤普金斯先生心想，"这不是很好吗？如果真是这样，我可能永远也不会知道我的马是在我的膝盖之间，还是在下一个山谷里。"

当教授和理查德爵士拿着来复枪爬进绑在大象背上的篮子里之后，汤普金斯先生一只手抓着棍子，以新的驯象员的身份骑在大象的脖子上，他们开始向神秘的丛林进发。

城里的人告诉他们到达那里大约需要一个小时，汤普金斯先生正努力在大象的两只耳朵之间保持平衡，他决定利用这个时间向教授学习更多关于量子现象的知识。

"请您告诉我，"他转向教授，问道，"为什么小质量的物体会表现得如此古怪？而您一直在谈论的这个量子常数的意义是什么呢？"

"哦，这并不难理解，"教授说，"你在量子世界中观察到的所有物体的有趣行为仅仅是因为你正在观察它们。"

"它们这么害羞吗？"汤普金斯先生笑了。

"'害羞'这个词不合适，"教授忧郁地说，"关键是，无论如何，在对运动做任何观察时，你必然会干扰这个运动。事实上，如果你

对一个物体的运动有所了解，这就意味着这个运动的物体对你的感官或你正在使用的设备产生了某种作用。由于作用和反作用是相等的，我们必须得出这样的结论：你的测量仪器也作用在了物体上，也就是说，'破坏'了它的运动，给它的位置和速度带来了测不准性。"

"好吧，"汤普金斯先生说，"如果我在台球室里用手指碰了碰那个台球，我肯定会打扰它的运动。但我只是看着它，这会打扰它吗？"

"当然会。你无法在黑暗中看到球，但如果你打开灯，球反射的光线就会使它能够被看见，并且作用在球上。我们称其为光压，这会'破坏'球的运动。"

"可是，假如我用的是非常精密而灵敏的仪器，难道我不能使仪器对运动物体的作用小到可以忽略不计吗？"

"这正是我们在量子效应被发现之前，在古典物理学中所认为的。在 20 世纪初，很明显，对任何物体的作用都不能低于一个叫作量子常数的极限，它通常用符号"h"表示。在普通的世界里，量子效应是非常小的。在惯常单位中，它是用小数点后 27 个 0 的数字来表示的，它只对像电子这样轻的粒子很重要，因为它们的质量很小，它们会受到极小作用的影响。但在我们正在接近的量子丛林中，量子效应是非常大的。这是一个粗暴的世界，不可能采取任何温和的行动。在这样一个世界里，如果有人想要抚摸一只小猫，它要么什么也感觉不到，要么它的脖子就会被第一次的爱抚折断。"

"这很好，"汤普金斯先生若有所思地说，"但当没人看的时候，这些物体会不会按照我们习惯的思维方式正常运转呢？"

"当没有人在看的时候，"教授说，"没有人能知道它们的行为，所以你的问题没有物理意义。"

"好啦，好啦，"汤普金斯先生叫道，"在我看来，这确实是像哲学！"

"如果你喜欢的话，可以把它称为'哲学'，"教授显然被冒犯了，"但事实上，这是现代物理学的基本原则——永远不要谈论你不知道的事情。所有现代物理理论都是基于这一原理，而哲学家们却常常忽视这一原理。例如，著名的德国哲学家康德花了很多时间来思考物体的属性，不是它们'在我们看来'的属性，而是它们'本身'的属性。对于现代物理学家来说，只有所谓的'可观测的'(主要是可观测的性质) 才有意义，而所有的现代物理学都是建立在它们的相互关系之上的。那些不能被观察到的事物只对无聊的思考有好处，你能不受限制地发明它们，没有检查它们存在的可能性，也没有利用它们的可能性。我得说……"

这时，一声可怕的吼声响彻空中，他们的大象猛烈地抽动着，汤普金斯先生差点儿摔了下来。一大群老虎正在攻击他们的大象，它们同时从四面八方跳出来。理查德爵士抓起他的来复枪，扣动了扳机，瞄准了离他最近的老虎的两眼之间。过了一会儿，汤普金斯先生听到了理查德爵士的喃喃自语，这种咒骂在猎人中很常见。他正好射中了老虎的头部，却没有对它造成任何伤害。

"赶快射击！"教授喊道，"把你的火力分散到四周，不要介意瞄准得是否精确！那里只有一只老虎，但它散布在我们的大象周围，我们唯一的希望是提高哈密顿算符。"

教授抓起另一支来复枪，枪声和量子虎的吼叫声混合在一起。在汤普金斯先生看来，一切还没有结束，就已经过去了一段漫长的时间。其中一颗子弹击中了目标，令他大为吃惊的是，所有的老虎突然变成一只老虎被狠狠地甩了出去，它的尸体在空中划出一道弧线，落在了远处的棕榈树丛后面。

"这个哈密顿是谁？"事情平息下来后，汤普金斯先生问道，"他是什么有名的猎人吗？您想让他从坟墓里出来帮助我们？"

一大群看上去模模糊糊的老虎正在攻击他们的大象

"啊！"教授说，"我很抱歉。在战斗的兴奋中，我开始使用你无法理解的科学语言！哈密顿量是描述两个物体之间量子相互作用的数学表达式。它是以爱尔兰数学家哈密尔顿的名字来命名的，他是第一个使用这种数学形式的人。我只是想说，通过发射更多的量子子弹，我们增加了子弹和老虎身体之间相互作用的可能性。你会发现，在量子世界里，一个人不可能精确地瞄准并确保击中目标。由于子弹以及目标本身都会弥散，所以总是只有有限的命中机会，从来都不是确定的。就我们目前的情况来看，我们至少发射了30发子弹才击中老虎；然后子弹猛烈地打在老虎身上，把它的身体打得远远的。在我们的世界中，同样的事情正在发生，但规模要小得多。正如我已经提到的，在普通的世界里，人们必须研究诸如电子之类的小粒子的行为才能注意到一些现象。你可能已经听说过，每个原子由一个相对较重的原子核和一些绕原子核旋转的电子组成。最初，人们曾经认为，电子绕原子核的运动与行星绕太阳的运动十分相似，但更深入的分析表明，对于原子这样的微型系统来说，关于运动的普通概念过于粗糙了。在原子内部起重要影响的作用与基本的量子效应在数量级上是相同的，因此整个图景在很大程度上弥散开来。电子围绕原子核的运动在许多方面与我们老虎的运动相似，老虎似乎围绕着大象。

"有人会像我们对付老虎那样攻击电子吗？"汤普金斯先生问。

"哦，是的，当然，原子核本身有时会发出非常高能的光量子或光的基本作用单位。你也可以用来自原子外部的一束光来照射电子。这样会发生的一切就如我们这里的老虎一样：许多光量子通过电子的位置而不对它有任何影响，直到其中一个作用于电子，并把它扔出原子。量子系统不会受到轻微影响：它要么完全不受影响，要么变化极大。"

汤普金斯先生总结道："就像那只可怜的小猫一样，如果不杀死它，就无法在量子世界中抚摸它。"

"看！瞪羚，还有很多！"理查德爵士喊道，举起了他的来复枪。事实上，一大群瞪羚正从竹林里涌出来。

"训练有素的瞪羚，"汤普金斯先生想，"它们排成整齐的队形，就像阅兵仪式上的士兵一样。我想知道这是不是也是某种量子效应。"

那群瞪羚正在向他们的大象逼近，它们移动得很快，理查德爵士准备开枪射击，这时教授拦住了他。

"不要浪费弹药，"他说，"当一个动物以衍射图样运动时，射中它的可能性极其小。"

"你说的一个'动物'是什么意思？"理查德爵士叫道，"这儿至少有好几十个！"

"哦，不！只有一只小瞪羚，它因为害怕什么东西，正在竹林里奔跑。现在，所有物体的'散布'都具有类似于普通光线的特性；并且，通过一系列规则的开口，例如在小树林中分开的竹子树干之间，它显示了衍射现象，你可能曾经在学校里学过。因此，我们现在谈论的是物质的波动特征。"

理查德爵士准备开枪射击时，教授拦住了他

　　但是，理查德爵士和汤普金斯先生都不知道"衍射"这个神秘的词是什么意思，所以他们的谈话到此为止。

　　在量子大陆的更远处，我们的旅行者遇到了许多其他有趣的现象，比如量子蚊子，由于它们的质量很小，几乎无法定位它们的位置，还有一些非常有趣的量子猴子。现在他们正逐步深入探索。

　　"我不知道，"教授说，"这些地区居然有人类。从噪音判断，我想他们正在举行某种庆祝活动。听听这不断的铃声。"

　　他们正围着篝火跳着狂野的舞蹈，很难把他们的身影单独分辨出来。人群中不断突现举着各种各样铃铛的棕色的手。当他们越走越近时，所有的东西，包括棚屋和周围的大树，都开始散开，钟声传到汤普金斯先生的耳朵里，使他无法忍受。他伸出手，抓起什么东西，然后把它扔掉了。闹钟打中了他放在床头柜上的水杯，冰冷的水流使他清醒过来。他跳了起来，开始迅速穿上衣服。半小时内他必须到达银行。

9　麦克斯韦的妖精

在这几个月不寻常的历险中，教授试图向汤普金斯先生讲解物理学的秘密，而汤普金斯先生对莫德越来越着迷，最后相当着怯地向她求婚了。莫德也欣然接受了，他们结为夫妻。作为岳父的新角色，教授认为他有责任提高他女儿的丈夫在物理学领域的知识水平，并了解其最新进展。

一个星期天的下午，汤普金斯夫妇坐在舒适的公寓里的扶手椅上休息，汤普金斯夫人被最新一期的《时尚》所吸引，汤普金斯先生正在读《时尚先生》杂志上的一篇文章。

"哦，"汤普金斯先生突然叫了起来，"这是一个真正有效的碰运气的游戏系统！"

"你真的认为这个有效吗，西里尔？"莫德问道，她不情愿地从那本时尚杂志上抬起头来。"爸爸总是说不可能有一个万无一失的赌博系统。"

"可是你看这儿，莫德，"汤普金斯先生回答道，把自己半个小时前一直在看的那篇文章递给她。"我不了解其他系统，但这个系统是基于纯粹和简单的数学原理，我真的不知道它怎么可能会出错。"你所要做的就是在一张纸上写下三个数字

$$1, 2, 3$$

然后遵循这里给出的一些简单规则。

"但是这次你必须赢！"

"好吧，我们试试吧！"莫德建议道，开始感兴趣了，"都有些什么样的规矩呢？"

"假设你遵循文章中给出的示例。这可能是学习它们的最好方法。举个例子，他们使用了一种轮盘游戏，你把钱押在红色或黑色上，这与在硬币翻转时下注正面或反面是一样的。我写下来

1, 2, 3

规则是，我的赌注必须始终是这个系列中外部数字的总和。因此，我拿1+3，也就是4个筹码，把它们放在红色的牌上。如果我

赢了，我把图1和3划掉，我下一个赌注是剩下的图2。如果我输了，我把输的钱加到这个系列的最后，然后用同样的规则找到下一个赌注。好吧，假设球停在黑色上，赌场总管把我的四枚筹码都拿走了。那我的新系列就是

1，2，3，4

我的下一个赌注是1+4，也就是5。假设我第二次输了。这篇文章说，我必须以同样的方式坚持下去，在这个系列的最后加上数字5，并将6个筹码摆在桌面上。"

"但这次你必须赢！"莫德激动地叫道，"你不能一直输下去。"

"不一定，"汤普金斯先生说，"我小时候经常和朋友一起抛硬币，信不信由你，我曾经看到连续出现10次头像。但是让我们假设，就像这篇文章一样，这次我赢了。然后我收集了12个筹码，但是我仍然比我原来的筹码少了3个筹码。遵循这些规则，我必须划掉数字1和5，而我的系列现在是这样的

~~1~~，2，3，4，~~5~~

我的下一个赌注必须是2加4，或6个筹码。

"这说明你又输了，"莫德叹息着，从她丈夫的肩头上看过去，"这意味着你必须在这个系列中增加6个，下一次下注8个筹码。难道不是这样吗？"

"是的，没错，但我又输了。我的系列现在如下：
~~1~~，2，3，4，~~5~~，6，8

这次我必须下注10。它赢了。我把数字2和8划掉，下一个赌注是3加6，即是9。但我又输了。"

"这是个坏例子，"莫德噘着嘴说，"到目前为止，你已经输了三次，只赢了一次。这不公平！"

"别介意，别介意，"汤普金斯先生像魔术师一样平静而自信地

说，"在这个周期结束的时候，我们一定会赢。我在最后一圈输了9个筹码，所以我要把这个数字加到这个系列中

$$1, \ 2, \ 3, \ 4, \ 5, \ 6, \ 8, \ 9$$

下注12个筹码。这次我赢了，所以我把数字3和9划掉，然后把剩下的两个或十个筹码的总和押上。当所有的数字都被划掉的时候，第二次连续获胜就完成了这个循环。尽管我只赢了四次，输了五次，但我有6个筹码！"

"你确定你有6个筹码吗？"莫德怀疑地问。

"非常确定。你看，这个系统是这样安排的，每当循环完成时，你总是有6个筹码。你可以通过简单的算术来证明它，这就是为什么我说这个系统是数学的，而且不会失败。如果你不相信，那就拿张纸自己检验一下。"

"好吧。我相信你的话，事情就是这样解决的，"莫德若有所思地说，"不过，当然，6个筹码也没赢多少。"

"是的，如果你确信在每个周期结束时都能赢的话。你可以一遍又一遍地重复这个过程，每次从1、2、3开始，然后你想赚多少钱就能赚多少钱，这还不够多吗？"

"太好了！"莫德喊道，"那你就可以辞掉银行的工作了，我们可以搬到一个更好的房子去，今天我在一家商店的橱窗里看到一件可爱的貂皮大衣。只需要……"

"我们当然会买的，不过我们最好先赶快到蒙特卡洛去。一定有许多人读过这篇文章，要是到了那儿却发现别人抢先一步，把赌场搞得破产，那就糟糕了。"

"我给航空公司打个电话，"莫德建议道，"看看下一班飞机什么时候起飞。"

"有什么事情如此着急？"大厅里响起一个熟悉的声音。莫德的

父亲走进房间，惊讶地看着这对无比兴奋的夫妇。

"我们将要乘坐最近的航班去蒙特卡洛，等我们回来的时候会非常有钱。"汤普金斯先生说着站起身来欢迎教授。

"哦，我明白了，"教授微笑着，然后舒服地坐在靠近壁炉的一把老式扶手椅上，"你有一个新的赌博系统吗？"

"但这次是真的，爸爸！"莫德抗议道，她的手还拿着听筒。

"是的，"汤普金斯先生补充道，他把杂志递给教授，"不能错过这个。"

"不能吗？"教授笑着说，"好吧，让我们看看。"他简短地看了一下这篇文章后接着说："这个系统的显著特点是，控制投注金额的规则是要求你在每次输钱后增加投注，而在每次赢钱后减少投注。所以，如果你轮流赢和输，并且完全有规律，你的资本就会上下振荡，但是每一次的增加都比上一次的减少稍微大一点。在这种情况下，你当然会很快成为百万富翁。但你无疑明白，这种规律性通常是不会发生的。事实上，这种有规律的交替序列的概率和相同数量的连续赢球的概率一样小。所以我们必须看看如果你有一系列连续的胜利或失败会发生什么。如果你得到了赌徒们所说的一连串运气，规则会迫使你在每次赢钱后降低赌注，或至少不提高赌注，这样你赢钱的总数量就不会很高。另一方面，由于你必须在每次输掉比赛后提高赌注，一连串的坏运气会带来更大的灾难，可能会把你赶出比赛。你现在可以看到，代表你的资本变化的曲线将由几个缓慢上升的部分，被非常急剧的下降打断。在游戏开始的时候，你很可能会进入漫长的、缓慢上升的部分，并享受一段时间的愉快的感觉，看着你的钱缓慢但肯定的增加。然而，如果你坚持的时间足够长，在希望更大的时候，你会出乎意料地来到急剧下降，可能会使你失去你的最后一分钱。我们可以用一种非常普遍的方式来证明，对于这个或任何其他的系统，曲线升高一倍的概率等于到达 0 点的概率。换句话说，如果你把所有的钱都押在红色或黑色上，然后把你的资本翻倍，或者在一个转盘上输掉所有的钱，那么你最终获胜的几率是一样的。这样一个系统所能做的就是延长游戏时间，让你得到更多的乐趣。但如果这就是你想做的，你就不必把它弄得那么复杂。一个轮盘上有 36 个数字，你知道，没有什么能阻止你押 35 个数字，除了一个不押。那么你赢的几率是 $\frac{35}{36}$，而庄家付给你的筹码比你赌的多 1 个筹码。然而，大约每 36 次旋转中就有一次球停在你选择不去押的那个特定数字上，你就会失去所有的 35 个筹码。如果你这样做的时间足够长，那么你的资本波动曲线就会和你按照这本杂志的方法得到的曲线完全一样。

当然，实际上，我所见过的每个轮盘赌轮都有一个零，而且甚至会有两个，这增加了玩家的赔率。因此，不管他使用哪种系统，赌徒的钱都会逐渐从他的口袋中跑到庄家的口袋里。"

"您的意思是说，"汤普金斯先生垂头丧气地说，"世界上不存在一种保证会赢的赌博系统，也不存在一种赢钱的概率比输钱的概率更高的可能性？"

"这正是我的意思，"教授说，"更重要的是，我所说的不仅适用于像碰运气这样不太重要的问题，而且还适用于各种各样的物理现象，这些现象乍一看似乎与概率论毫无关系。就这一点而言，如果你能设计出一种击败概率定律的系统，就会发生许多比赢钱更令人兴奋的事情。人们可以生产不使用汽油就能跑的汽车，不使用煤炭就能开工的工厂，以及许许多多其他奇妙的东西。"

"我记得我曾在什么地方读到过一些关于这种假想的机器的资料。永动机，我想就是这样称呼它的，"汤普金斯先生说，"如果我

没记错的话，没有燃料的机器是不可能运转的，因为人不能凭空产生能量。不管怎样，这些机器与赌博没有任何关系。"

"你说得很对，我的孩子，"教授表示同意，很高兴他的女婿至少懂点物理，"这种永动机，也就是人们所说的'第一类永动机'，是不可能存在的，因为它们违反了能量守恒定律。然而，我心目中的无燃料机器是一种相当不同的类型，通常被称为'第二类永动机'。它们的设计目的不是凭空产生能量，而是从地球、海洋或空气中周围的热源中提取能量。例如，你可以想象一艘蒸汽船，它的锅炉不是通过燃烧煤，而是通过从周围的水中提取热量来产生蒸汽。事实上，如果有可能迫使热量从寒冷处向高温处传递，而不是相反的，那么人们可以建造一个系统来泵入海水，夺走海水的热量，并把残余的冰块扔到船外。当 4 升冷水结冰时，它释放出的热量足以使另外 4 升冷水达到沸点。通过每分钟泵入十几升的海水，人们可以很容易地收集到足够的热量来驱动一个大型的发动机。从所有的实际目的来看，这种第二类永动机和那种无中生有的创造能量的永动机一样好。有了能够这样工作的引擎，世界上的每个人都可以像拥有无与伦比的轮盘赌博系统的人一样无忧无虑地生活。不幸的是，它们同样是不可能的，因为它们都以同样的方式违反了概率定律。"

汤普金斯先生说："我承认，试图从海水中提取热量来增加轮船锅炉里的蒸汽是一个疯狂的主意。但是，我看不到这个问题和概率定律之间有什么联系。当然，您肯定是不建议在这些无燃料的机器中使用骰子和轮盘作为移动部件。还是您有这样的建议？"

"当然不是！"教授笑着说，"至少我相信最疯狂的永动机发明家也不会提出这样的建议。关键在于，热传导过程本身在本质上与掷骰子游戏非常相似，希望热量会从较冷的物体流向较热的物体，就像希望钱会从赌场的银行流入你的口袋一样。"

"您的意思是说赌场的银行冷而我的口袋热？"汤普金斯先生问，这时他已经完全糊涂了。

"在某种程度上，是的，"教授回答道，"如果你没有错过我上周的讲座，你就会知道，热不过是无数粒子（即原子和分子）的快速不规则运动，所有物质均由这些粒子组成。分子运动越剧烈，我们的身体就越温暖。由于这种分子运动是非常不规则的，因此受概率定律的影响，很容易证明由大量粒子组成的系统的最可能状态将对应于，所有可用的总能量或多或少的均匀分布在所有粒子之间。如果物质的一部分被加热了，也就是说，如果这个区域的分子开始运动得更快了，则人们就可以期望，通过大量的偶然碰撞，这些多余的能量会很快均匀地分布在所有剩余的粒子中。然而，由于碰撞纯粹是偶然的，因此也存在这样一种可能性，即仅仅是偶然，某些粒子可能会以其他粒子为代价收集到更多的可用能量。物体某一特定部分的这种自发的热能集中，将与逆温度梯度的热量流动相对应，原则上并不排除会发生这种情况。然而，如果你试图计算这种自发热集中发生的相对概率，那么你会得到极小的数值，以至于这种现象实际上被认为是不可能发生的。"

"哦，我现在明白了，"汤普金斯先生说，"您的意思是，第二种永动机可能偶尔会工作，但发生这种情况的可能性却很小，就像在掷骰子游戏中连续 100 次扔出 6 那样小。"

"可能性比那要小得多，"教授说，"事实上，成功地与自然作对的可能性微乎其微，甚至很难用言语来形容。例如，我可以计算出这个房间里所有的空气在桌子下面自发聚集的几率，而其他地方则完全是真空状态。你一次掷出的骰子的数量等于房间里空气分子的数量，所以我必须知道有多少。我记得，在大气压下，1 立方厘米的空气中含有许多分子，这些分子是用 20 位数来表示的，所以整个

房间里的空气分子总数一定是 27 位数。桌子下面的空间大约是整个房间的百分之一，因此，任何一个分子在桌子下面而不是在其他地方的概率是百分之一。所以，为了计算出所有这些分子同时在桌子下面的概率，我必须把百分之一乘以百分之一，对于房间里的每个分子，将以此类推。我的结果将是一个小数点后有 54 个 0 开头的小数。"

"唉……汤普金斯先生叹息道，"我当然不会在那些赔率上打赌！但是，这一切难道不意味着偏离均分是不可能的吗？"

"是的，"教授表示同意，"可以认为，我们不会因为所有的空气都在桌子下面而窒息，因此，在你的高脚玻璃杯里，液体不会自己沸腾。但是如果你考虑更小的区域，包含更少的分子，偏离统计分布的可能性就大得多了。例如，在这个房间里，空气分子习惯性地在某些点上聚集得更密集，从而产生微小的不均匀性，即密度的统计波动。当太阳的光线穿过地球大气层时，这种不均匀性造成了光谱中的蓝光的散射，使天空呈现出熟悉的颜色。如果这些密度的波动不存在，天空将永远是黑色的，而星星在白天也将是清晰可见的。同样，当液体温度升高到接近沸点时，会产生轻微的乳白色，这可以用分子运动的不规则性所产生的密度波动来解释。但是，从大的范围来看，这样的波动是极不可能发生的，我们即使观察几十亿年也不会看到这样的波动。

汤普金斯先生坚持认为："但是，在这个房间里，现在仍然有发生不寻常事件的可能性。不是吗？"

"是的，当然有，而且坚持说一碗汤不能洒满整个桌布是不合理的，因为它的一半分子意外地接受了相同方向的热速度。"

"为什么这样的事件刚好就在昨天发生了，"莫德插嘴说，现在她已经看完了杂志，她开始对他们的谈话感兴趣了。"汤洒了，女仆说她根本没碰过桌子。"

教授笑了。"在这个特殊的例子里,"他说,"我怀疑这是女仆的错,而不是麦克斯韦尔的恶魔的错。"

"麦克斯韦的恶魔?"汤普金斯先生吃惊地重复道,"我认为科学家是最不可能对魔鬼之类的东西有了解的人。"

"嗯,我们并不真把他当回事儿,"教授说。著名的物理学家克拉克·麦克斯韦首先将这种统计学妖精的概念引入,仅仅是一种比喻。他用这个概念来说明热现象的讨论。麦克斯韦妖精被认为是一个速度很快的家伙,能够按照你的任何规定改变每一个分子的方向。如果真的有这样一个妖精存在,那么热量就可以逆着温度流动,而热力学的基本定律,即熵恒增加的原理,就一文不值了。"

"熵?汤普金斯先生重复道,"我以前听过这个词。我的一个同事曾经举办了一次聚会,喝了几杯酒之后,他邀请的几个化学系学生开始唱歌:

> 增加,减少
> 减少,增加
> 我们到底在乎什么
> 熵是什么?

伴随着的《奥古斯丁》的曲调。"熵到底是什么?"

"这不难解释。'熵'是一个简单的术语,用来描述任何给定的物理实体或系统的分子运动的无序程度。分子间的大量不规则碰撞往往会增加熵,因为绝对无序是任何统计系统中最可能的状态。然而,如果麦克斯韦尔的妖精能起作用,他很快就能使分子的运动变得有秩序,就像一只优秀的牧羊犬围拢并驾驭一群羊那样,熵就会

开始减少。我还应该告诉你,根据路德维希·玻尔兹曼引入科学的所谓 H 定理……"

显然,教授忘记了与自己交谈的人是一个对物理学几乎一无所知的人,而不是一群物理学研究生。教授使用了各种高深的专业术语,他试图清晰解释热力学的基本定律及其与吉布斯统计力学的关系。汤普金斯先生早已经习惯了他岳父的高谈阔论,所以他正悠闲地喝着加了苏打水的苏格兰威士忌,尽量让自己看起来聪明一点。但所有这些统计物理学的高光时刻对于莫德来说也实在是太难理解了,她蜷缩在椅子上,努力睁开眼睛。为了摆脱睡意,她决定去看看晚餐准备得怎么样了。

"夫人有什么要求吗?"一个穿着考究的高个子男管家询问道,当她走进饭厅时,他向她鞠了一躬。

"不,继续你的工作吧。"她说,同时心里纳闷,究竟为什么会有一个男子在那儿。这似乎特别奇怪,因为他们从来没有雇用过男管家,当然也雇用不起。这个男子又高又瘦,橄榄色的皮肤,长长的尖鼻子,绿色的眼睛里似乎燃烧着一种奇怪而强烈的光芒。当莫德注意到他前额上的黑头发里有两个对称的肿块时,她的脊背上一阵一阵地发凉。

"不是我在做梦,"她想,"就是这就是从大歌剧院里走出来的墨菲斯托普尔斯本人。"

她想,"要么是我在做梦,要么他就是直接从大歌剧中走出来的墨菲斯托普尔斯自己。"

"是我丈夫雇用了你吗?"她大声问道,其实只是想找点话说。

"不完全是,"陌生的男管家回答说,同时给餐桌增添了最后的艺术气息,"事实上,我是自愿到这儿来的,是为了向您尊贵的父亲表明,我并不是他所认为的那个神话人物。请允许我自我介绍一下。

我是麦克斯韦的妖精。"

"噢!"莫德松了一口气,"那么,你可能不像其他妖精那样邪恶,也无意伤害任何人。"

"当然不会,"妖精笑着说,"但是我喜欢搞恶作剧,我要跟您爸爸开一个玩笑。"

"你要干什么?"莫德问,仍然不大放心。

"只是要告诉他,如果我愿意,熵恒增加定律是可以被打破的。为了使您相信这是可以做到的,我将邀请您与我同行。我向您保证,一点也不危险。"

"这就是地狱的样子吗?"

　　就在他说话的时候，莫德感到妖精的手牢牢地抓住了她的胳膊，她周围的一切突然变得疯狂起来。她的饭厅里所有熟悉的东西都开始以惊人的速度增长，她最后看了一眼那个覆盖了整个地平线的椅背。当一切终于平静下来时，她发现自己在同伴的搀扶下飘浮在空中。像网球大小的雾蒙蒙的球体从各个方向呼啸而过，但麦克斯韦的妖精巧妙地阻止了他们与任何看起来危险的物体相撞。莫德低头一看，只见一艘渔船似的东西，船舷上堆满了闪闪发光的鱼。然而，它们不是鱼，而是无数的雾球，很像那些在空中飞过的球。妖精把她拉得更近了，直到她好像被一大团稀粥包围了，这些稀粥在不停地移动，毫无规律地运动着。一些球在表面沸腾着，其他的球似乎被吸了下去。偶尔会有一个球以极其快的速度浮上表面，飞向空中，或者有一个球从空中飞过，一头扎进稀粥里，消失在成千上万个球的下面。仔细观察这些稀粥，莫德发现这些球其实是两种不同的球。如果大多数球看起来像网球，则更大、形状更细长的球更像是美式橄榄球。它们都是半透明的，似乎具有莫德无法分辨的复杂内部结构。

　　"我们在哪里？"莫德气喘吁吁，"这就是地狱的样子吗？"

　　"不，"妖精笑着说，"没有什么比这更神奇了。我们只是仔细观察了威士忌液体表面的一小部分，当您父亲阐述准备态历经系统时，是它成功地让您的丈夫保持清醒。所有这些球都是分子。小而圆的是水分子，大而长的是乙醇分子。如果您有兴趣计算出它们之间的比例，您就会发现您丈夫给自己倒了一杯多么烈的酒。"

　　"非常有趣，"莫德努力表现得很严肃，"可是那边那些东西是什么？看上去像两只鲸鱼在水里嬉戏。它们不可能是原子鲸，是吗？"

　　妖精看着莫德所指的地方。"不，它们算不上什么鲸，"他说，"事实上，它们是一些烧过的大麦碎片，正是这种成分赋予了威士忌独特的味道和颜色。每个碎片是由千万个复杂的有机分子组成的，相对来说又大又重。您可以看到它们四处跳跃，因为它们受到了水和乙醇分子热运动的影响。正是对这种中等大小的粒子——小到足以受到分子运动的影响，但仍然大到可以通过一个强大的显微镜观察到——的研究，为科学家们提供了热力学理论的第一个直接证明。通过测量这些悬浮在液体中的微小粒子如塔兰台拉舞般的运动强度(通常被称为布朗运动)，物理学家能够获得有关分子运动能量的直接信息。"

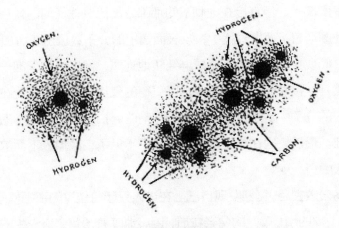

微小粒子的布朗运动

妖精再次引导她穿过空气，直到他们来到一堵由无数水分子组成的巨大的墙壁前，这些水分子像砖块一样整齐紧密地排列在一起。

"多么令人印象深刻！"莫德喊道，"这正是我在寻找的想要画一幅肖像画的背景。这座漂亮的建筑到底是什么？"

"哎呀，这是一块冰晶体的一部分，是您丈夫玻璃杯中的许多冰块中的一个。现在，如果您不介意的话，我要对这位自信的老教授开玩笑了。"

正在说着，麦克斯韦的妖精把莫德留在了冰晶的边缘，她就像一个不开心的登山者。而麦克斯韦的妖精开始了他的工作。他拿着

像网球拍一样的工具，拍打着周围的分子。他东奔西跑，只要有哪个顽固分子老是往错误的方向跑，他总能及时击中。尽管莫德的处境显然很危险，但她还是禁不住佩服他那惊人的速度和准确性，每当他成功地使一个特别快而又特别难对付的分子偏离轨道时，她就会兴奋地欢呼起来。与她现在所目睹的场景相比，她所见过的网球冠军运动员就像毫无希望的笨蛋。几分钟后，妖精的工作成果就显而易见了。现在，尽管液体表面的一部分被非常缓慢移动的、安静的分子所覆盖，但直接在她脚下的那部分却比以往任何时候都更加剧烈地颤动着。蒸发过程中，从表面逸出的分子数量迅速增加。

它们现在正成千上万的成群结队地逃离，像巨大的气泡一样从表面撕开。接着，一团蒸汽笼罩了莫德的整片视野，她只能在一大堆疯狂的分子中偶尔瞥见那把嗖嗖作响的网拍，或是那妖精的礼服的尾部。最后，她在冰晶栖息处的分子不见了，她掉入下面浓重的蒸汽云中……

乌云散去后，莫德发现自己坐在进入餐厅前坐过的那把椅子上。

"圣神的熵！"她的父亲喊道，困惑地盯着汤普金斯先生的威士忌。"这是沸腾！"

玻璃里的液体被猛烈爆裂的气泡覆盖着，一团薄薄的蒸汽云正缓慢地朝着天花板上升。然而，特别奇怪的是，饮料只在冰块周围一个相对较小的区域沸腾。其余的饮料依旧还是很凉的。

"想想！"教授用一种敬畏的、颤抖的声音继续说，"刚才在这里，我告诉你关于熵定律的统计波动，而实际上我们看到了这一波动！由于某种不可思议的偶然，可能是自地球诞生以来的第一次，速度更快的分子都偶然地聚集在液体表面的一部分，液体开始自己沸腾了！在未来的几十亿年里，我们仍然可能是唯一有机会观察到这一非凡现象的人。"他看着那杯酒，它正在慢慢冷却下来。

"圣熵！这是沸腾！"

"真是太幸运了！"他高兴地喘着气。

莫德笑了笑，但什么也没说。她不想和父亲争辩，但这一次她确信自己比他了解得更多。

10 欢乐的电子部落

几天后，汤普金斯先生吃完晚饭后，他想起当天晚上教授有个关于原子结构的讲座，他承诺自己会参加的。但他实在受够了岳父没完没了的唠叨，于是他决定把讲座的事情忘掉，在家里舒舒服服地过一个晚上。然而，就在他准备拿起书读的时候，莫德将他临阵脱逃的道路切断了，她看了看钟，温和而坚定地说，他差不多该离开了。因此，半小时后，他和一群热切的年轻学生一起坐在大学礼堂的硬木板凳上。

"女士们，先生们，"教授从眼镜上方严肃地望着他们，开始了他的演讲，"在我上次讲座中，我答应给你们介绍更多关于原子内部结构的细节，并解释这种结构的特殊性是如何导致它的物理和化学性质的。当然，你知道，原子不再被认为是物质的基本的不可分割的组成部分，这个角色已经转给了更小的粒子，如电子、质子等。

物质的基本组成粒子的思想，代表了物质主体可分性的最后一步，其起源可追溯到公元前 4 世纪生活在古希腊哲学家德莫克里特斯。在冥想事物的隐藏本质时，德莫克里特斯提出了物质结构的问题，以及它是否能以无限小的部分存在。由于在那个时代，人们没有习惯用纯思维之外的任何其他方法来解决任何问题，因此德莫克里特斯在他自己的内心深处寻找正确的答案。基于一些晦涩的哲学思考，他最终得出结论：物质可以无限地分成越来越小的部分是"不可想象的"，人们必须假设存在"不能再分割的最小粒子"。他把这种粒子称为"原子"，你可能知道，这在希腊语中是"不可分割"的意思。

"我不想弱化德莫克里特斯对自然科学进步的巨大贡献，但是值得牢记的是，除了德莫克里特斯和他的追随者外，毫无疑问，还有另一希腊哲学流派，其拥护者坚持认为，物质的可分性的过程可以超越任何限制。因此，与将来必须由精确科学给出答案的无关，古希腊的哲学给出了两种不同的意见，这对于它在物理学史上享有崇高的地位给予了很好的保障。在德莫克里特斯的时代以及之后的几个世纪，物质的这种不可分割的部分的存在纯粹是一种哲学假设，直到 19 世纪，科学家们才终于找到了这些不可分割的物质的构造基石。而这一切正是两千多年前的古希腊哲学家曾预言过的。

"实际上，在 1808 年，英国化学家约翰·道尔顿证明了倍比定律……"

几乎从讲座一开始，汤普金斯先生就有一种不可抗拒地想要闭上眼睛的冲动，他想在讲座的时间里打个盹，只是因为大礼堂的长凳太硬了，他才没有这样做。然而，道尔顿的倍比定律最终成为压垮他的最后一根稻草，安静的礼堂中很快就回响起从汤普金斯先生坐着的角落里传来的轻微喘息声。

汤普金斯先生睡着了，坐在那张硬邦邦的长凳上的不舒适感似乎变成了飘浮在空中的快感。他睁开眼睛，惊讶地发现自己正在以自己认为不顾一切的速度在空中飞奔。环顾四周，他发现并不是自己独自一人在进行这趟奇妙的旅行。在他的附近，一些模糊的、朦胧的形体正围绕着中间一个看起来很重的大型物体猛扑过去。这些奇怪的生物成对而行，欢快地沿着圆形和椭圆形的轨道互相追逐。突然，汤普金斯先生感到非常孤独，因为他意识到自己是整个群体中唯一没有玩伴的人。

快乐的电子群落

"为什么我不带莫德一起来呢？"汤普金斯先生沮丧地想，"我们本可以和这群无忧无虑的人一起度过一段美好的时光。他所在的那条轨道是在最外层，虽然他很想参加这个聚会，但是他作为局外人的尴尬感觉又让他犹豫不决。然而，当其中一个电子（因为这时汤普金斯先生意识到他奇迹般地加入了一个原子的电子群落）在它细长的轨道上经过时，他决定抱怨一下自己的处境。

"为什么没有人和我一起玩？"他朝对面喊道。

"因为这是一个孤独的原子，而你是价电子……"那个电子一边喊着，一边转身跳回了跳舞的人群中。

"价电子独自存在，或者在其他原子中找到同伴，"另一个电子从他身边呼啸而过，发出尖利的高音叫喊着。

如果你想要一个伴侣，

跳进氯里，在那儿找一个。

另一个电子高唱着取笑他。

"我看你是新来的，我的孩子，而且非常孤独，"他的上方响起了一个友善的声音，汤普金斯先生抬起眼睛，他看到一个身穿棕色外衣的修道士的矮胖身影。

"我是泡利神父，"修道士继续说道，他和汤普金斯先生一起沿着轨道往前走，"我一生的使命就是监视原子和其他地方电子的道德和社会生活。我的职责是让这些顽皮的电子正确地分布在我们伟大的建筑师尼尔斯·玻尔所建造的美丽原子结构的不同量子房间中。为了保持秩序和维护礼仪，我从不允许两个以上的电子沿着同一轨道运动；你知道的，三人行总是会带来很多麻烦。因此，电子组合的方式总是一对相反的'自旋'电子，如果一个房间已经被一对电子占据，就不允许有入侵者。这是一条很好的规则，我还可以补充一点，至今还没有一个电子违反过我的命令。"

"也许这是个好规定，"汤普金斯先生反对道，"但目前对我来说很不方便。"

"我明白了，"修道士笑着说，"但这只是你的运气不好，你是一个孤独原子中的一个价电子。你所在的钠原子的原子核（你在中心看到的那个巨大的黑色物质）的电荷决定了它可以容纳 11 个电子。

"不幸的是，对你来说，11 是个奇数，当你考虑到所有数字的有一半是奇数，只有另一半是偶数时，这种情况就并不罕见了。因此，作为一个后来者，你至少要独自待一会儿。"

"你是说我以后有进去的机会吗？"汤普金斯先生急切地问，"比如，把一个先来的赶出去？"

"不完全是这样，"修道士朝他晃了晃胖胖的手指说，"但是，当然，总可能有一些内圈的成员因为外部的干扰而被赶出去，留下一

泡利神父出现了

个空位。不过，如果我是你，我就不会太指望这个了。"

泡利神父的话让汤普金斯先生感到很沮丧，他说："他们告诉我，如果我去氯原子那里会好一些，你能告诉我怎么做到吗？"

"年轻人，年轻人！"这位修道士悲伤地喊道，"你为什么这么坚持要找同伴？为什么你不能享受孤独和这天赐的机会来安宁地沉思你的灵魂？为什么连电子都要倾慕世俗生活？但是，如果你坚持要寻求伴侣，我可以帮你实现你的愿望。如果你看我所指的地方，你会看到一个氯原子接近我们，即使在现在这个距离，你也可以看到有一个空位，在那里你肯定会受到欢迎。空位在外层电子群中，也就是所谓的'M 层'，它应该是由 4 对电子组成的 8 个电子。但是，正如你看到的，有 4 个电子在一个方向上旋转，只有 3 个在另一个方向上，有一个位置是空的。里面的两个壳层，即所谓的'K 层'和'L 层'，已经完全填满了，原子会很高兴你的到来，并填满它的外壳层。当两个原子靠近时，就像价电子通常做的那样赶快跳过去。愿平安与你同在，我的孩子！说着这些话，那个令人印象深刻的电子修道士形象突然消失得无影无踪。"

汤普金斯先生感到高兴多了，他鼓足勇气跳进了经过的氯原子的轨道。令他吃惊的是，他轻松优雅地跳了过去，发现自己置身于氯原子 M 层的舒适环境中。

"很高兴你能加入我们！"他的那位朝反方向自旋的新舞伴叫道，它正优雅地沿着跑道滑行。"现在没有人能说我们的群落不完整了。现在让我们大家一起开心地玩起来吧！"

汤普金斯先生也认为这确实很有趣——非常有趣，但是有一丝忧虑一直在他脑海中浮现。"我再见到莫德的时候，我该怎么向她解释这件事呢？"他有点内疚地思考着，但没想多久，他就如释重负，"她肯定不会介意的，"他下定决心，"毕竟，这些只是电子。"

"为什么你离开的那个原子现在还没有消失呢？"他的同伴噘着嘴问道，"难道它仍然希望你回去吗？"

而且，事实上，那个失去了价电子的钠原子正紧紧地黏在氯原子上，似乎希望汤普金斯先生会改变主意，再跳回他那孤独的轨道上去。

"你感觉怎么样？"汤普金斯先生生气地说，对第一次冷淡地接待他的那个原子皱起了眉头，"占着茅坑不拉屎！"

"哦，它们总是这样做的，"一个经验更丰富的 M 层成员说，"据

我所知，与其说钠原子的电子群落想要你回去，不如说钠原子核本身想要你回去。在中心的原子核和它的电子护卫之间几乎总是存在一些分歧：原子核想要尽可能多的电子围绕着它，而电子本身则倾向于只需要把壳层填满的数量就够了。只有少数几种原子，即稀有气体或德国化学家所称的惰性气体，其中起统治作用的原子核与从属的电子处于完全和谐的状态。例如，氦、氖、氩等原子对自己很满意，既不驱除原有的成员，也不邀请新的成员。它们在化学上是惰性的，并且远离所有其他原子。但在所有其他原子中，电子群落总是随时准备改变它们的成员。在钠原子中，也就是你以前所在之处，原子核根据它的电荷被赋予了比壳层保持和谐所需的多一个电子的权利。另一方面，在我们的原子中，正常的电子数量不足以达到完全的和谐，因此我们欢迎你的到来，尽管你的存在使我们的原子核超载。但是只要你待在这里，我们的原子就不再是中性的了，它有了一个额外的电荷。因此，你刚刚离开的钠原子会受到电引力的作用。我曾经听我们伟大的泡利神父说过，这种带有多余电子或电子缺失的原子群被称为负离子和正离子。他还用‘分子’这个词来表示两个或两个以上的原子被电力束缚在一起。他把这种钠原子和氯原子的特定组合称为‘食盐’分子，真不知道那是什么东西。”

“你是说你不知道什么是食盐吗？”汤普金斯先生说，忘记了自己在跟谁说话，“那你为什么要在早餐时在番茄炒鸡蛋上面放这个？”

“什么是‘炒鸡蛋’，什么是‘早餐’？”好奇的电子问道。汤普金斯先生结结巴巴地说，然后意识到，向他的伙伴们解释哪怕是人类生活中最简单的细节都是徒劳无功的。“这就是为什么我不能从和它们的谈话中了解更多价电子和完整壳层的原因。”他告诉自己。他决定享受这个奇幻世界的旅行，而不要担心无法理解它。但要摆脱爱讲话的电子可不那么容易，因为它显然有一种强烈的愿望，要把自己在漫长的电子生活中收集到的所有知识都传递给他。

"你不要以为，"它继续说，"原子结合成分子总是由一个价电子单独完成的。有些原子，比如氧，需要两个以上的电子来填满它的壳层，有些原子需要三个甚至更多的电子。另一方面，在某些原子中，原子核拥有两个或两个以上的价电子。当这样的原子相遇时，就会出现大量的跳跃和结合，结果就形成了通常由数千个原子组成的非常复杂的分子。还有所谓的'无极性分子'，即由两个相同原子组成的分子，但这是一种非常令人不愉快的情况。"

"不愉快，为什么？"汤普金斯先生问道，他突然又觉得感兴趣了。

"需要做太多的工作才能使它们保持在一起，"电子评论道，"不久前，我碰巧得到了那份工作，我待在那里的那段时间里，没有一点属于自己的时间。为什么呢，完全不像在这里。在这里，价电子只是自得其乐，让缺电的、被遗弃的原子待在一旁。不，先生！为了把两个完全相同的原子保持在一起，价电子必须来回跳跃，从一个原子跳到另一个原子，然后再跳回来。我的天！感觉自己就像一个乒乓球。"

汤普金斯先生听到不知道"炒鸡蛋"是什么东西的电子竟然如此流利地谈论乒乓球，感到很惊讶，但他并没有深究这个事情。

"我再也不会接受那样的工作了！"懒惰的电子嘟囔着，他被一波不愉快的回忆淹没了，"我现在在这里就很舒服。"

"等等！"他突然叫了起来，"我想我看到了一个更适合我去的地方。所以，好吧，噢！"于是他纵身一跃，冲向了原子内部。

朝着与他谈话的电子离开的方向望过去，汤普金斯先生明白发生了什么事。似乎是某个外来的高速电子意外地侵入了它们的系统，把其中一个内层的电子撞出了原子，于是"K 层"中一个舒适的地

方现在完全展现出来了。汤普金斯先生责备自己错过了加入核心集团的机会，现在他饶有兴趣地观察着刚才与他交谈的电子的运动。这个快乐的电子越来越深入原子内部，明亮的光线伴随着它胜利的飞行。只有当它最终到达内部轨道时，这种刺眼到几乎无法忍受的射线才最终消失。

"那是什么？"汤普金斯先生问道，他的眼睛因为看到这种意外现象而感到疼痛，"为什么这么耀眼？"

"哦，那只是与跃迁有关的 X 射线辐射，"他的轨道上的伙伴解释道，对他的尴尬报以微笑。"每当我们中的一个成功地深入原子内部，多余的能量就会以射线的形式释放出来。这个幸运的家伙跳了一大步，释放了很多能量。更常见的情况是，我们不得不满足于较小的跳跃，然后我们发出的射线被称为"可见光"，至少泡利神父是这样称呼它的。

"但是这种 X 光，或者随便你叫它什么，也是看得见的，"汤普金斯先生抗议道，"我应该说你的术语相当的误导人。"

"嗯，我们是电子，对任何辐射都很敏感。但是泡利神父告诉我们，存在着巨大的生物，他称他们为'人类'，只有当光落在一个狭窄的能量范围内，或者用他的话说，落在波长范围内时，他们才能看到光。泡利神父曾经告诉过我们，是一个伟大的人，我想他的名字叫伦琴，发现了这些 X 射线，现在它们被广泛应用于叫什么'医学'的领域。"

"哦，是的。我对此非常了解，"汤普金斯先生说，他为现在可以炫耀自己的知识而感到自豪。"想要我告诉你更多吗？"

"不，谢谢，"电子打着哈欠说，"我真的不在乎。你只有说话才会快乐吗？想办法抓住我！"

在很长一段时间里，汤普金斯先生继续享受着和其他电子一起在空间里飞来飞去的感觉，就像在进行空中飞人的表演。然后，他突然感到自己的头发都竖起来了，这是他以前在山里遇到雷雨时的感觉。很明显，一种强烈的电干扰正在接近它们的原子，破坏了电子运动的和谐，并迫使电子严重偏离其正常轨道。从一个人类物理学家的观点来看，它只是一束通过这个原子所在位置的紫外线，但对于微小的电子来说，它却是一场可怕的电风暴。

"紧紧抓住！"他的一位同伴大声喊道，"否则你将被光效应的作用力赶出去的！"但已经太迟了。汤普金斯先生从他的同伴手中被抢走了，他被以一个可怕的速度抛入空中，就像被一双有力的手抓住一样利落。他上气不接下气地在空间中越飞越远，飞快地掠过各种不同的原子，快得甚至连分开的电子都分辨不出了。突然，一个巨大的原子出现在他面前，他知道碰撞是不可避免的了。

"对不起，但是我受到光效应的影响，不能……"汤普金斯先生礼貌地开始解释道，但当他一头撞到一个外层电子上时，他剩下的句子消失在了震耳欲聋的碰撞声中。他们两个头朝下的一头栽进了空间中。然而，汤普金斯先生在碰撞中失去了大部分速度，现在可以更仔细地研究他所处的新环境了。耸立在他周围的原子比他以前见过的任何原子都要大得多，他能数出每一个原子有 29 个电子。如果他对物理学有更深刻的了解，他就会认出它们是铜原子，但在如此近的距离里，整个群体看上去一点也不像铜。而且它们彼此间隔得很近，形成了一种规则的图案，这种图案一直延伸到他目力所及之处。但最让汤普金斯吃惊的是，这些原子似乎并没有特别注意维持它们的电子数额，尤其是它们的外层电子。事实上，外层轨道几乎是空的，一群群自由散漫的电子懒洋洋地在空间中漂移，时不时地在一个原子或另一个原子的外围停下来，但从来不会停留很长时间。在危险的空间飞行之后，汤普金斯先生感到相当疲惫，起初他

试图在其中一个铜原子的稳定轨道上休息一下。然而，他很快就被群体中普遍流行的飘忽不定的感觉感染了，于是他加入了其余的电子，同样以它们毫无目的性的特别方式运动着。

"这里的事情组织得都不是很好，"他自言自语，"而且有太多的电子不好好做自己的事情。对此，我认为泡利神父应该做点什么。"

"为什么应该我做？"突然不知从哪儿冒出来的那个修道士熟悉的声音说道，"这些电子并没有违反我的命令，而且它们确实在做一件非常有用的工作。你可能会有兴趣知道，如果所有的原子都像某些原子那样关心保持它们的电子，那么就不会有导电性这样的事情了，这样的话，你家里连电铃都没有，更不用说电灯和电话了。"

"哦，你是说这些电子携带电流？"汤普金斯先生问，他希望谈话能转到一个他或多或少熟悉的话题上去。"但我看不出它们正朝着任何特定的哪个方向移动啊。"

"首先，我的孩子，"修道士严厉地说，"不要用'它们'这个词，要用'我们'。你似乎忘记了，你自己也是一个电子，当有人按下按钮时，这条铜线已连接，电压会导致你以及所有其他导电电子，一起赶去给女仆打电话或做其他需要做的事情。"

"但我不想！"汤普金斯先生语气坚定地说，声音里透着一丝怒气。"事实上，我已经厌倦了做一个电子，我也不再觉得这有什么好玩的了。要永远永远地执行所有这些电子的职责，这是什么样的生活啊！"

泡利神父反驳道："不一定是永远。"他绝对不喜欢电子的反唇相讥。"总有可能你会湮没，不复存在。"

"湮——湮没？"汤普金斯先生重复道，感到脊背上一阵发凉，"但我一直认为电子是永恒的。"

"这是物理学家们直到最近以前还一直相信的，"泡利神父赞同道，他被自己的话所产生的效果逗乐了，"但这并不完全正确。电子可以诞生，也可以死亡，就像人类一样。当然，没有死于衰老这种事，死亡只能通过碰撞来实现。"

汤普金斯先生恢复了一点信心，他说："哦，我刚才还撞了一下，而且撞得很厉害。如果那件事没有使我失去行动能力，我想不出还有什么事会使我失去行动能力。"

"这个问题不在于你撞得有多么凶猛，"泡利神父纠正他说，"而在于对方是谁。在你最近的碰撞中，你可能遇到了另一个与你自己非常相似的负电子，在这样的碰撞中没有丝毫危险。事实上，你们可以像一对公羊一样互撞对方好几年，而不会造成任何伤害。但还有另一种电子，即带正电的电子，是物理学家们最近才发现的。这些带正电的电子，或者正电子，看起来和你一模一样，唯一的区别是它们的电荷是正的而不是负的。当你看到这样的一个家伙走近时，你会认为他只是你群落中另一个单纯的成员，你就会走过去迎接他。但你会突然发现，它并没有像一般电子那样为了避免碰撞而把你稍微推开，而是直接把你拉了过去。然后，一切都太迟了。"

"多么可怕！"汤普金斯先生大叫，"一个正电子可以吞噬多少个可怜的普通电子呢？"

"幸运的是只有一个，因为在破坏一个负电子的同时，正电子也在毁灭自己。你可以把它们描述成一个自杀俱乐部的成员，在寻找相互毁灭的伙伴。它们不会互相伤害，但一旦有一个负电子过来，它们就没有多少存活的机会了。"

"幸运的是，我还没有碰到这些怪物中的一个，"汤普金斯先生对这种描述印象深刻，"我希望它们数量不是很多。是吗？"

"是的，它们不多。原因很简单，它们总是在寻找麻烦，所以它们出生后很快就消失了。如果你能等一会儿，我也许能给你看一个。"

"好的，我们找到了。"泡利神父沉默了一会儿，接着说，"如果你仔细观察那个重原子核，你会看到其中正在诞生一个正电子。"

修道士所指的那个原子显然受到了强烈的电磁干扰，这是由于外界强烈的辐射作用在其上。这比把汤普金斯先生从他的氯原子中扔出去的那次骚乱要猛烈得多，原子核周围的电子家族像飓风中的干树叶一样被吹散了。

"仔细观察子核，"泡利神父说。汤普金斯先生聚精会神地观察起来，他注意到，在被破坏的原子深处发生了一件极不寻常的事。在离原子核很近的内部电子壳层里，两个模糊的影子正在逐渐形成，一秒钟后汤普金斯先生看到两个闪闪发光的崭新的电子以极快的速度冲出它们的诞生地。

"但我看到的是两个啊！"汤普金斯先生说，他被眼前的景象迷住了。

"是的，"泡利神父赞同地说，"电子总是成对产生的，否则就违背了电荷守恒定律。这两个粒子中，一个是普通的负电子，它是在强伽马射线作用下产生的，而另一个是正电子，是一个杀手，它现在要去寻找受害者了。"

"好吧，如果每一个注定要摧毁一个电子的正电子的诞生，都伴随着另一个普通电子的诞生，那么事情就没那么糟糕了，"汤普金斯先生深思熟虑地评论道，"至少它不会导致电子群落的灭绝,而我……"

"当心！"修道士打断了他的话，把他推到一边，而刚出生的正电子就在 2 厘米远的地方呼啸而过。"当这些致命的微粒在周围的时候，你越小心越好。我想我花了太多时间和你交谈，我还有其他事情要处理。我必须寻找我的宠物'中微子'了……"修道士并不打算让汤普金斯先生知道这个"中微子"究竟是什么，以及它是不是也会给他带来威胁，就消失了。汤普金斯先生被遗弃了，他感到比以前更孤独了。在他的空间之旅中，无论哪个电子伙伴靠近他时，他甚至心中都怀着一个绝望的秘密，他觉得每个电子在无辜的外表下都隐藏着一颗杀人犯的心。在很长一段时间里，在他看来，似乎有几个世纪那么长，他的恐惧和希望都是不合理的，他不愿意承担导电电子的枯燥职责。

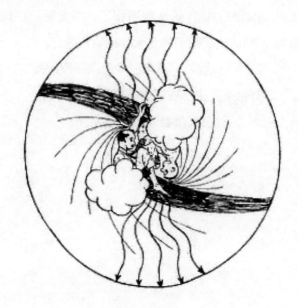

"啊，完蛋啦！"

就在他最不抱希望的时候，事情突然发生了。他觉得自己很想跟什么人交谈，哪怕是跟一个愚蠢的导电电子说话。他走近一个正在缓慢移动的粒子，它显然是这根铜线上的新手。然而，即使隔着一段距离，他也认识到自己做了一个错误的选择——一种不可抗拒的吸引力正在拉着他，不让他后退。有那么一秒钟，他试图挣扎着把自己拉开，但是他们之间的距离越来越近，汤普金斯先生觉得他似乎看到了抓他的人脸上露出的凶恶的笑容。

"让我走！让我走！"汤普金斯先生用最大的声音喊道，一边用

胳膊挣扎着，一边踢着腿。"我不想被湮没；我的余生都将永远导电！"但这一切都是徒劳的，周围的空间突然被一束强烈的光线照亮了。

"唉，我已经死了，"汤普金斯先生想，"可我怎么还能思考呢？难道只是我的肉体被湮没了吗？而我的灵魂进入了量子天堂？"这时，他感到一种新的力量，这次更温和了，坚定而坚决地摇着他，他睁开了眼睛，他认出了眼前的是大学的看门人。

"对不起，先生，"他说，"讲座已经结束一段时间了，我们现在得关门了。"汤普金斯先生忍住呵欠，显得很难为情。

"晚安，先生。"看门人带着同情的微笑说。

// 汤普金斯先生因为睡觉错过的上节课的一部分

实际上，在 1808 年，英国化学家约翰·达尔顿指出，形成更复杂的化合物所需的各种化学元素的相对比例始终可以用整数比来表示，他将这个经验定律解释为，所有化合物都是由代表简单化学元素的不同数量的粒子构成的。中世纪炼金术未能将一种化学元素转化成另一种化学元素，这为这些粒子明显的不可分割性提供了证据，并且毫不犹豫地将其命名为古希腊语 "atoms"（"原子"）。一旦命名了，这个名字就固定下来了，尽管我们现在知道这些"道尔顿原子"根本不是不可分割的，事实上，它们是由大量更小的粒子构成的，但是我们选择了对它们的名字在语言学意义上的不一致性视而不见。

因此，在现代物理学中被称为"原子"的实体根本不是德莫克里特斯所想象的物质基本的和不可分割的组成单位。如果将"原子"这个词应用于电子和质子这样小得多的粒子，实际上要正确得多。但是，这样的名称更改会引起过多的混乱，而且在物理学界也没有任何人关心语言的一致性！因此，我们保留了道尔顿意指的"原子"这个旧名称，并将电子、质子等称为"基本粒子"。

当然，这个名字表明，我们现在相信，在德莫克里特斯的意义上，这些更小的粒子确实是基本的、不可分割的，你们可能会问我，

历史会不会重演？在科学的进一步发展中，现代物理学的基本粒子是否会被证明是非常复杂的。我的回答是，尽管不能绝对保证这不会发生，但我们有充分的理由相信，这一次我们是完全正确的。事实上，有 92 种不同的原子 (对应 92 种不同的化学元素)，每种原子都具有相当复杂的特性；这种情形本身就需要某种简化，即把这样一幅复杂的图景简化成一幅更加基本一些的图景。另一方面，当今的物理学只认识了几种不同类型的基本粒子：电子 (带正电或带负电的轻粒子)、核子 (带电的或中性的重粒子，也被称为质子和中子)，可能还有所谓的中微子，其性质尚未完全阐明。

这些基本粒子的性质极其简单，通过进一步还原也难以获得简化。此外，正如你将理解的那样，如果要构建更复杂的内容，则必须始终要运用几个基本概念，而两个或三个基本概念并不算太多。因此，在我看来，用你所有的钱打赌——现代物理学的基本粒子将是名副其实的。

现在，我们可以讨论道尔顿的原子是如何由基本粒子构成的。这个问题的第一个正确答案是在 1911 年由著名的英国物理学家纳尔逊·卢瑟福给出的，他通过用快速移动的微小射弹轰击各种原子来研究原子结构，这些微小的射弹被称为α粒子，它们是在放射性元素的嬗变过程中被释放出来的。通过观察这些微小射弹穿过一块物质后的偏转 (散射)，卢瑟福得出结论：所有原子都必须拥有一个非常致密的带正电荷的内核 (原子核)，它的周围环绕着一层相当稀薄的带负电荷的电子云 (原子大气)。

现在我们知道，原子核是由一定数量的质子和中子构成的，这些质子和中子被统称为"核子"，它们被强大的内聚力紧密地结合在一起，而原子大气则是由不同数量的负电子构成的，这些负电子在原子核正电荷的静电引力的作用下绕着原子核转动。构成原子大气的电子的数量决定了一个给定原子的所有物理和化学性质，并沿着化学元素的自然顺序变化，从 1 个（氢）到 92 个（已知最重的元素：铀）。

尽管卢瑟福的原子模型看起来很简单，但对它的详细理解却一点也不简单。事实上，根据古典物理学的最佳信念，在原子核周围旋转的带负电荷的电子在辐射（即发光）的过程中必然会失去它们的动能，据计算，由于这些稳定的能量损失，所有形成原子大气的电子都会在极短的时间内坍缩到原子核上。然而，这个古典理论的看似合理的结论却与经验事实截然相反，原子大气是相当稳定的，原子中的电子不仅不在原子核上坍缩，而是围绕原子核无限期地成群运动。

因此，我们看到，在古典力学的基本思想与有关原子世界中微小组成部分的力学行为的经验数据之间发生了根深蒂固的冲突。这一事实使著名的丹麦物理学家尼尔斯·玻尔认识到，古典力学已经在自然科学体系中占据了数百年的特权和地位，从现在开始就应将其视为一种受限制的理论，它适用于我们宏观世界的日常体验，但在将其应用到各种原子内发生的更为精细的运动类型时却严重失败。作为新广义力学的试探性基础，它也适用于原子机制中微小部分的运动，玻尔提出假设，从古典理论中考虑的所有无穷多种运动类型中，只有少数几种专门选择的运动类型能在自然界中实际发生。这些允许的运动类型，或轨迹，是根据一定的数学条件来选择的：被称为玻尔理论的量子条件。我不打算在这里详细讨论这些量子条件，我只想说，它们是这样选择的：即在运动粒子的质量比我们在原子结构中遇到的质量大得多的所有情况下，它们施加的所有限制都变得没有实际意义。因此，将新的微观力学应用于宏观物体，其结果与旧的古典理论（对应原理）完全相同，只有在微观原子机制的情况下，这两种理论之间的分歧才具有本质价值。在不深入讨论细节的

情况下，我将通过展示玻尔理论中原子的量子轨道图，来满足你对玻尔理论中原子结构的好奇心。（第一张图片，谢谢！）你在这里看到的，当然是在很大程度上放大了的一系列圆形和椭圆形轨道系统，它们代表了波尔量子条件下形成原子大气的电子被"允许"的唯一运动形式。古典力学允许电子在离原子核任何距离处移动，对其轨道的偏心度（即扁长度）没有限制，玻尔理论中选定的轨道形成了一组分立的轨道，其所有特定尺寸都被明确地定义。每一轨道附近的数字和字母代表这个特定轨道在一般分类法中的名称：例如，你可能会注意到，较大的数字对应较大直径的轨道。

尽管玻尔的原子结构理论在解释原子和分子的各种性质方面非常富有成果，但量子轨道彼此分立的基本概念仍然相当不清楚，我们越是试图深入分析古典理论的这种不同寻常的限制，就越不清楚整个情况。

"因此，我们得到了玻尔理论中氢原子中电子的量子轨道。"

（图中为第一张图片）

最后，人们终于明白，玻尔理论的缺点在于，它并没有以某种根本的方式改变古典力学，而只是通过附加条件来限制这个系统的结果，而这些附加条件在原则上与古典理论的整个结构无关。仅仅13年后，这个问题的正确解决方法就以所谓的"波动力学"的形式出现了，它根据新的量子原理修改了古典力学的整个基础。而且，尽管乍一看，波动力学体系似乎比玻尔的旧理论更疯狂，但这种新的微观力学却代表了当今理论物理学中最一致、最被接受的部分。因为新力学的基本原理，特别是"测不准性"概念和"弥散轨道"的概念，我已经在上一次讲座中讨论过了，所以我建议你们仔细回忆或翻看笔记本看看，就能重温原子结构的问题。

在我现在投射的图片中（第二张图片，谢谢！），你会从"弥散轨道"的角度看到原子电子的运动是如何被波动力学理论可视化的。这幅图代表了与前一张图中古典的运动类型相同的运动类型（由于技术原因，现在每一种运动类型都是单独绘制的），但是我们现在有了与基本测不准原理相一致的弥散模式，而不是波尔理论中尖锐的直线轨迹。不同运动状态的符号和前面的图是一样的，如果你稍微发挥一下你的想象力，你会注意到，我们的云状形式的图案相当忠实地重复着玻尔轨道的一般特征。

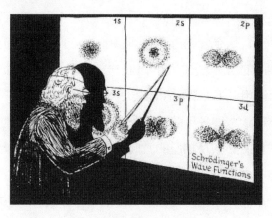

"弥散轨道"（图中为第二张图片）

这些图表很清楚地向你展示了古典力学中的古典轨迹在量子作用下会发生什么，尽管外行人可能会认为这是一个奇妙的梦，但研究原子微观世界的科学家们在接受这幅图时不会遇到任何困难。

在对原子的电子大气中可能存在的运动状态进行了简短的考察之后，我们现在开始讨论一个重要的问题，即各种原子电子在各种可能运动状态中的分布情况。这里我们又遇到了一个新的原理，一个对宏观世界来说很陌生的原理。这个原理是我年轻的朋友沃尔夫冈·泡利首先提出的，他认为在一个给定原子的电子群中，没有两个电子可以同时具有相同的运动状态。如果像古典力学那样，存在无穷多种可能的运动，这种限制就没有多大意义了。然而，量子定律大大减少了"允许的"运动状态的数量，而泡利原理在原子世界中扮演着非常重要的角色：它能保证电子或多或少地均匀分布在原子核周围，并防止它们在一个特定的位置聚集。

然而，你不能从上述新原理的公式中得出结论，即在我的图表中所表示的每一种弥散量子态可能只被一个电子"占据"。事实上，除了沿轨道运动之外，每个电子也绕着自己的轴旋转，如果两个电子沿同一轨道运动，只要它们自旋方向不同，泡利博士就一点也不苦恼。现在对电子自旋的研究表明，它们绕自己的轴旋转的速度总是相同的，而且这个轴的方向必须总是垂直于轨道平面。这样就只剩下两种不同的自旋方向，即"顺时针方向"和"逆时针方向"。

我们可以用以下方法重新表述适用于原子的量子态的泡利原理：每个量子运动状态最多可以被两个电子"占据"，在这种情况下，这两个电子的自旋必须是相反的方向。因此，当我们沿着元素的自然序列走向电子越来越多的原子时，我们发现，不同的量子运动态正逐渐被电子填满，原子的直径也逐渐增大。在这种联系中还必须提到，从电子结合强度的角度来看，原子中电子的不同量子态可以被归并成结合能相同的几组分立的量子态（或电子壳层）。当我们沿着元素的自然顺序进行时，量子态一组接着一组被填满，由于它们是按顺序依次填充各个电子壳层，原子的性质也会周期性的变化。这就是对俄罗斯化学家迪米特里·门捷列夫凭经验发现的、众所周知的元素周期性的解释。

12 在原子核内

汤普金斯先生参加的下一个讲座是专门介绍原子核内部结构的。教授说：

女士们、先生们，

我们将越来越深入地研究物质的结构，现在，我们将试着用我们的肉眼深入到原子核的内部，这个神秘的区域只占原子总体积的几亿分之一。然而，尽管我们的新的研究领域的规模小得几乎令人难以置信，但我们将发现，它当中充满了非常活跃的活动。实际上，原子核毕竟是原子的心脏，尽管其尺寸相对较小，但仍约占原子总质量的99.97%。

从人口稀少的原子电子云进入原子核，我们将立即对当地极为拥挤的状况感到惊讶。原子大气中的电子平均移动的距离是它们自身直径的数十万倍，而生活在原子核内的粒子实际上是摩肩接踵的，如果它们有胳膊肘的话。

从这个意义上讲，原子核内部的图像与普通液体非常相似，不同之处在于，我们在这里遇到的不是分子，而是更小、更基本的粒子，即质子和中子。在这里可能要注意一下，尽管具有不同的名称，但质子和中子现在被简单地视为同一重基本粒子（称为"核子"）的两种不同的带电状态。质子是带正电的核子，中子是电中性的核子，尽管至今尚未观察到，但也不排除存在带负电的核子的可能性。就其几何尺寸而言，核子与电子差别不大，其直径约为 0.000 000 000 000 1 厘米。但是它们要重得多，一个质子或中子的质量约等于 1840 个电子的质量。如前所述，形成原子核的粒子非常紧密地聚集在一起，这是由于某种特殊的原子核内聚力的作用，类似于液体中分子之间的作用。而且，就像在液体中一样，这些力虽然阻止了粒子的完全分离，却不会阻碍它们之间的相对位移。因此，核物质具有一定程度的流动性，在不受任何外力干扰的情况下，呈球形水滴的形状，就像普通的水滴一样。在我现在要给你们展示的示意图中，你们可以看到由质子和中子构成的不同类型的原子核。最简单的是由一个质子构成的氢原子核，而最复杂的铀原子核则由 92 个质子和 142 个中子构成。当然，你必须把这些图片仅仅看作是对实际情况的高度示意，因为，根据量子理论基本的测不准原理，每个核子的位置实际上是"弥散"在整个核区域中的。

就像我说过的那样，形成原子核的粒子被强大的内聚力维持在一起，但除了这些吸引力之外，还有另一种朝相反方向作用的力。事实上，约占原子核成员总数一半的质子带正电荷，因此被库仑静电力相互排斥。

对于电荷相对较小的轻原子核而言，这种库仑斥力无关紧要，但对于重的、高电荷的原子核而言，库仑斥力开始与内聚力展开激烈的竞争。当这种情况发生时，原子核就不再稳定，并倾向于将自己的某些构成部分驱逐出去。这正是在元素周期表末端的一些元素上发生的情况，这些元素被称为"放射性元素"。

基于以上考虑，你可能会得出结论，这些不稳定的重原子核应该发射质子，因为中子不携带任何电荷，因此不受库仑斥力的影响。然而，实验告诉我们，实际上发射出来的粒子是所谓的α粒子(氦原子核)，即由两个质子和两个中子构成的一种复合粒子。看

起来，形成一个α粒子的两个质子和两个中子的组合特别稳定，因此，一次性将整个组合抛出要比将其分解成单独的质子和中子容易得多。

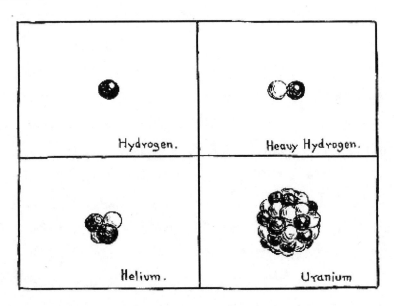

氢、重氢、氦、铀的原子核

正如你可能知道的，放射性衰变现象首次是由法国物理学家亨利·贝克勒尔发现的，而著名的英国物理学家卢瑟福勋爵对此给出了解释——原子核自发嬗变的结果。卢瑟福勋爵的名字我在前面已经提到过，人类在原子核物理学领域的许多重要发现都应该归功于他。

α衰变过程中最特殊的特征之一是，α粒子"逃离"原子核所需要的时间有时非常长。对于铀和钍来说，这个时间是用数十亿年来计算的；对于镭来说，这个时间大约是 16 个世纪，尽管有些元素会在几分之一秒内发生衰变，但与原子核内运动的速度相比，它们的寿命也可以认为是很长的了。

那么，是什么使α粒子有时在原子核内停留数十亿年？如果它已经待了这么久，为什么它最终会被释放出来？

要回答这个问题，我们首先必须先多了解一点有关内聚引力以及在粒子离开原子核时作用在粒子上的静电斥力的相对强度，卢瑟福对这些力进行了仔细的实验研究，他使用了所谓的"轰击原子"方法。在他在卡文迪什实验室中进行的那些著名实验中，卢瑟福指挥了一束由某些放射性物质发射出来的快速移动的α粒子，他观察了这些原子炮弹与被轰击物质的原子核碰撞后产生的偏离（散射）。这些实验证实了这样一个事实，即在离原子核很远的地方，抛射物受到核电荷电力的强烈排斥，如果炮弹设法非常接近原子核区域的外部界限，这种排斥就会变成一种强大的吸引力。你可以说原子核在某种程度上类似于一个四面被高而陡的壁垒包围着的堡垒，它阻止了粒子的进出。但是，卢瑟福实验最引人注目的结果是：在放射性衰变过程中从原子核中逸出的α粒子，以及从外部射入原子核的炮弹，其能量不足以从堡垒顶部飞过，也就是我们通常所说的"势垒"。这一事实与古典力学的所有基本思想完全矛盾。确实，如果你投出的球的能量远远低于到达山顶所需的能量，你怎么能指望它滚过一座小山呢？古典物理学只能睁大眼睛，认为一定是卢瑟福的实验出了什么差错。

但是，事实上，没有错，如果有人错了，那不是卢瑟福勋爵，而是古典力学本身。我的好朋友乔治·伽莫夫博士、罗纳德·格尼博士和 E. U. 康顿博士同时澄清了这一情况，他们指出，如果从现代量子理论的角度来看待这个问题，就没有任何困难。事实上，我们知道今天的量子物理学抛弃了古典理论中定义明确的线性轨迹，取而代之的是弥散的幽灵轨迹。而且，就像一个善良的老式幽灵可以毫不费力地穿过一座古老城堡厚厚的砖墙一样，这些幽灵般的轨

迹可以穿透潜在的障碍，而这些障碍从古典观点的角度来看似乎是相当难以穿透的。

请不要以为我在开玩笑：对于能量不足的粒子能够穿透势垒是新的量子力学基本方程的直接数学结果，它代表了关于运动的新观点和旧观点之间最重要的区别之一。但是，尽管新的量子力学允许这种不寻常的效应，但只有在有相当严格限制下，它才允许这种情况发生，在大多数情况下，穿越障碍的可能性极小，被囚禁的粒子必须以几乎不可思议的次数撞击墙壁才能最终成功。量子理论为我们提供了计算这种逃逸概率的精确计算规则，并且已经证明所观察到的α衰变的周期与理论的预期完全一致。同样，对于从外部射入原子核的炮弹，量子力学计算的结果也与实验结果非常吻合。

在进一步讲解之前，我想给你们看一些图片，这些图片展示了被高能原子炮弹击中的各种原子核的衰变过程。(幻灯片，谢谢！)在这张幻灯片中，你们可以看到在云室里拍摄的两种不同的分解过程，我在上一讲中已经向你们介绍过了。左图显示了被高速α粒子撞击的氮核，这是有史以来第一张人工元素嬗变的图片。它是由卢瑟福勋爵的学生帕特里克·布莱克特拍摄的。你可以看到，大量的α射线轨迹从一个强大的α射线源辐射出来，如图所示。这些粒子中的大多数在穿过视野时都没有发生一次严重的碰撞，但其中一个刚刚成功地击中了一个氮原子核。那个α粒子的轨迹就在此处停止，你可以看到从碰撞点出来的另外两条轨迹。其中，长而细的轨道属于一个从氮原子核被踢出的质子，而短而重的轨道则代表原子核本身的反冲。然而，这不再是氮原子核了，因为它失去了一个质子并吸收了α粒子，它已转变为氧原子核。因此，我们这儿有一个炼金术般的过程：将氮转化为氧，而氢是副产物。

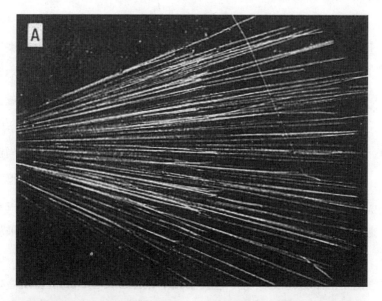

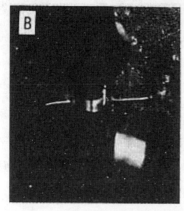

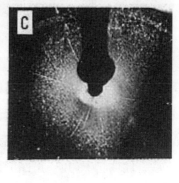

被高能原子炮弹击中的各种原子核的衰变过程。

(a)氮被氦撞击后变成重氧和氢

$$_7N^{14}+_2He^4 \rightarrow _8O^{17}+_1H^1$$

(b)锂被氢撞击会变成两个氦

$$_3Li^7+_1H^1 \rightarrow 2_2He^4$$

(c)硼被氢撞击后变成三个氦

$$_5B^{11}+_1H^1 \rightarrow 3_2He^4$$

第二张照片对应于人工加速的质子撞击而导致的核分裂。一束高速质子束正在一种特殊的高压机器中产生，这种机器被公众称为"原子加速器"，然后它通过一根长长的管子进入云室，在照片中可以看到管子的末端。在这种情况下，目标是一层薄的硼，被放置在管道的较低的开口处，这样在碰撞中产生的核碎片必须通过云室内的空气，产生轨迹。正如你从图中看到的，硼的原子核被质子撞击后，分裂成三部分，考虑到电荷的平衡，我们得出结论，每个碎片都是α粒子，也就是氦原子核。照片中显示的两个转换代表了当今实验物理学中研究的数百个其他核转换的典型示例。在所有这种被称为"置换核反应"的转换中，入射的粒子（质子，中子或α粒子）会穿透进入原子核，将其他一些粒子踢出，并保持自己的位置不变。我们观察到有：α粒子置换质子，用质子置换α粒子，用中子置换质子，等等。所有这些在反应中转变形成的新元素都是被轰击元素在元素周期表中的近邻。

但直到第二次世界大战之前，两位德国化学家哈恩和斯特拉斯曼发现了一种全新类型的核转变，在这种转变中，一个重原子核分裂成两个相等的部分，并释放出大量的能量。在我下一张幻灯片中（幻灯片，谢谢！）（见下页图）你可以在右边看到一张照片，照片上铀原子核的两块碎片从一条细细的铀丝飞向彼此相反的方向。这种现象被称为"核裂变"，最初是在铀被一束中子轰击的情况下被发现的，但人们很快就发现，位于元素周期表末端的其他元素也具有类似的性质。实际上，似乎这些重原子核已经处于其稳定性的极限，与中子碰撞所引起的最小的激发就足以使它们分裂成两半，就像一滴超大的水银。重原子核的这种不稳定性的事实使人们对为什么自然界中只有 92 种元素的问题有了新的认识；事实上，任何比铀重的元素都不可能存在很久，而且会立即分解成小得多的碎片。从实用

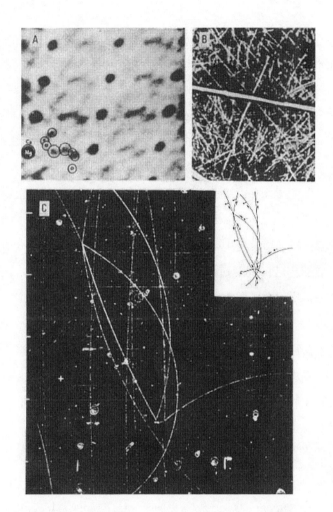

（a）透辉石晶体中的原子照片。角落里的圆圈代表钙、镁、硅和氧的单个原子。
放大倍数约为 100000000 倍。

(b) 被中子撞击后,铀原子核的两个裂变碎片朝着两个方向飞去。

(c) Λ^0 超子和反 Λ 超子的产生和衰变。

的观点来看,"核裂变"现象也很有趣,因为它为利用核能开辟了某些可能性。关键是,重原子核在分裂成两半时,也会释放出大量的中子,这些中子可能会导致邻近原子核的裂变。这可能会导致爆炸反应,所有储存在原子核内的能量将在一瞬间释放出来。而且,如

果你还记得一磅铀所含的核能相当于 10 吨煤的能量，你就会明白，释放这种能量的可能性将给我们的经济带来非常重要的变化。

然而，所有这些核反应只能在非常小的范围内进行，尽管它们向我们提供了有关原子核内部结构的大量信息，但直到最近，似乎也还没有释放出大量核能的希望。直到 1939 年，德国化学家哈恩和斯特拉斯曼才发现了一种全新类型的核转变。在这个过程中，一个铀原子核被一个中子击中，分裂成两个大致相等的部分，释放出大量的能量，同时释放出两个或三个中子，这些中子反过来可能会撞击其他的铀原子核，并把它们也分成两个，同时也释放出更多的能量和更多的中子。这种裂变过程可能导致巨大的爆炸，或者，如果控制得当，则将提供几乎取之不尽的能量。很幸运的是，研究原子弹的塔列金博士，他也被称为"氢弹之父"，虽然他的工作很多，但是他还是同意来到这里，就原子弹问题作简短的发言。他马上就要来了。

教授说这些话的时候，门开了，进来了一个仪表堂堂的人，他目光如炬，眉毛又黑又浓。他一边握着教授的手，一边转向听众。他开始了演讲：

'Hölgyeim és Uraim,' he began. Röviden kell beszélnem, mert nagyon sok a dolgom. Mareggel több megbeszélésem volt a Pentagon-ban és a Fehér Ház-ban. Délutan ...

"噢，对不起！"他喊道，"我有时候把我的几种语言搞混淆了。请让我重新开始。女士们先生们，我必须要讲的简明扼要，因为我实在是太忙了。今天上午，我参加了在五角大楼和白宫举行的几次会议；今天下午我必须出席内华达法国公寓的地下爆炸试验，晚上我必须在加利福尼亚范登堡空军基地的宴会上发表演讲。

"主要观点是，原子核由两种力来平衡的：一种是原子核引力，它使原子核保持完整；还有质子之间的电斥力。在像铀或钚这样的重原子核中，后一种力，即电斥力占优势，原子核随时准备分裂，只要稍有激发，就会分裂成两个裂变产物。一个击中原子核的中子就能提供这种激发。"

他转向黑板，继续说："这里你看到一个可裂变的原子核和一个撞击它的中子。两个裂变碎片飞散开来，各自携带大约 100 万电子伏的能量，还有几个新的裂变中子也被释放出来——如果是轻铀同位素，就大约是两个；如果是钚，就大约是三个。然后啪！啪！就像我在黑板上画的那样进行反应。如果可裂变物质很小，大多数裂变中子在有机会撞击另一个可裂变原子核之前就穿过了表面，那么链式反应永远不会开始。但是当可裂变物质大于我们所说的临界质（大约直径 7.6 至 10 厘米的球形）时，大多数中子都被捕获，整个物质就爆炸了。这就是我们所说的裂变炸弹，常常被错误地称为原子弹。

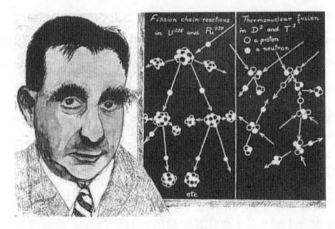

虽然名字听起来很相似，但裂变和聚变是完全不同的过程

但是，如果在元素周期表的另一端进行研究，可以得到更好的结果，在那里，原子核的吸引力强于电子的排斥力。当两个轻原子

核接触时，它们会融合在一起，就像碟子上的两滴水银一样。这只能在非常高的温度下发生，因为电斥力会阻止相互靠近的轻原子核接触。但当温度达到几千万度时，电斥力将无法阻止接触，于是聚变过程开始了。最适合聚变过程的原子核是氘核，即重氢原子的原子核。右边是一个简单的氘热核反应示意图。当我们最初想到氢弹的时候，我们认为这对世界来说是一件幸事，因为它不会产生在地球大气层扩散的放射性裂变产物。但是我们无法制造出如此"纯"的氢弹，因为氘是最好的核燃料，可以很容易地从海水中提取出来，但它本身还不足以燃烧。因此我们不得不用一个重铀外壳来包裹氘核。这些外壳会产生大量的裂变碎片，所以有些人称之为"脏"氢弹。在设计氘的受控热核反应时也遇到了类似的困难，尽管做了各种努力，我们仍然没有一个解决的办法。但我相信这个问题迟早会得到解决。

"塔列金博士，"观众中有人提问，"那些原子弹试验产生的裂变产物会对地球上的生物造成有害的突变，那该怎么办？"

"并不是所有的突变都是有害的，"塔列金博士笑着说，"其中的一些突变导致了后代的进化。如果生物没有突变，你和我还是变形虫。难道你不知道生命的进化完全是自然突变和适者生存的结果吗？"

"你的意思是，"观众席里的一个女人歇斯底里地喊道，"我们都得生几十个孩子，而只留下几个最好的，把其余的都毁掉吗？！"

"好吧，夫人，"塔列尔金博士开始反驳道，但就在这时，礼堂的门开了，一个穿着飞行员制服的人走了进来。

"快点，先生！"他喊道，"您的直升机停在入口处，如果我们不立刻出发，您就赶不上乘坐机场的客机了。"

"对不起，"塔列金博士对观众说，"我现在得走了。Isten veluk！"他们俩都冲了出去。

13   木雕师

这是一扇又大又重的门，正中有一块醒目的招牌："止步！高压！"然而，门垫上写着"欢迎"的几个大字母，多少缓和了一些刚开始的冷淡印象。汤姆金斯先生犹豫了一会儿，按下了门铃。一位年轻的助手把汤普金斯先生放了进来，他发现自己在一间很大的房间里，其中一半的空间都被一台看上去非常复杂和异常奇妙的机器占据了。

"止步！高压！"

　　"这是我们的大型回旋加速器，也就是报纸上所说的'原子加速器'。"助手一边解释，一边慈爱地握住巨大电磁铁的一个线圈，这个电磁铁代表了这个令人印象深刻的现代物理学工具的主要部分。

"这是我们的大型回旋加速器或'原子加速器'。"

　　"它产生的粒子能量高达 1000 万电子伏"，他自豪地补充道，"没有多少原子核能承受如此巨大能量的炮弹的冲击！"

　　"嗯，"汤普金斯先生说，"这些原子核一定相当坚硬！想象一下，为了敲碎一个微小原子的更微小的原子核，必须建造一个如此巨大的玩意儿。话说回来，这台机器到底是怎么工作的呢？"

"你去过马戏团吗？"他的岳父突然从回旋加速器的巨大框架后面走出来，问道。

"呃……是的，当然，"汤普金斯先生说，他被这个意想不到的问题弄得很尴尬，"您是说您想让我今晚和您一起去看马戏？"

"不完全是这样，"教授笑着说，"但那将帮助你理解回旋加速器是如何工作的。如果你仔细观察这个大磁铁的两极之间，你会注意到一个圆形的铜盒子，它就像一个马戏场，在核轰击实验中使用的各种带电粒子正在这个圆环上被加速。这些带电粒子或离子产生的来源就位于这个盒子的中心。当它们出来时，它们的速度非常小，磁铁的强大磁场将它们的轨迹扭曲成围绕中心的小圆圈。然后我们开始鞭策它们，让它们达到越来越高的速度。"

"我知道您怎么鞭策一匹马，"汤普金斯先生说，"但您怎么用这些微小的粒子来做同样的事情，我实在是弄不懂。"

"这其实非常简单。如果粒子在绕圆周运动，你所要做的就是在它每次经过其轨迹上的某一点时对它施加一系列连续的电击，就像马戏团里的驯马师站在圆圈边缘，在马匹每次经过时鞭打它一样。"

"但是驯马师能看见马，"汤普金斯先生抗议道，"您能看到一个粒子在这个铜盒子里旋转，在适当的时刻踢它一下吗？"

"我当然不能，"教授表示同意，"但是没有必要。这种回旋加速器布局的重要诀窍在于，尽管加速的粒子总是运动得越来越快，但它总是在同一时间内完成一个完整的旋转。重点是，你看，随着粒子速度的增加，它的圆形轨迹的半径，以及相应的总长度，也成比例地增加。因此，它沿着一个展开的螺旋运动，并且总是以一定的间隔到达'环'的同一侧。我们所要做的就是在那里放置某种电子设备，在固定的时间间隔发出电击，我们通过振荡电路系统来做到这一点，这和你在任何广播电台看到的非常相似。这里产生的每一

次电击都不是很强，但它们的累积效应会使粒子加速到极高的速度。这就是这个装置的最大优点：它产生的效果相当于数百万伏特，尽管系统中没有任何地方实际存在如此高的电压。"

"确实很巧妙，"汤普金斯先生若有所思地说，"这是谁发明的呢？"

"它是由已故的欧内斯特·奥兰多·劳伦斯几年前在加州大学建造的，"教授回答说，"从那以后，回旋加速器的规模越来越大，并且很快就各个在物理实验室普及开来。它们似乎真的比使用级联变压器的旧设备或基于静电原理的机器更方便。"

"但是，没有这些复杂的设备，就不能真正打破原子核吗？"汤普金斯先生问，他是一个非常崇尚简单的人，他不太相信比锤子更复杂的东西。

"当然可以。事实上，当卢瑟福进行他第一次著名的人工元素转化实验时，他只是使用了由天然放射性物质释放出的普通α粒子。但那是二十多年前的事了，正如你所看到的，自那以后，原子粉碎技术已经取得了相当大的进步。"

"您能真正给我展示一个正在被粉碎的原子吗？"汤普金斯先生问，他总是倾向于亲眼看到一切事情，而不是听冗长的解释。

"非常乐意，"教授说，"我们刚刚开始一个实验。在此，我们将对硼在高速质子冲击下的裂变作进一步的研究。当一个硼原子的原子核被一个质子撞击到足以使抛射物穿透核势垒进入原子核内部时，它就会分裂成三个相等的碎片，各自朝不同的方向飞行。这个过程可以通过所谓的'云室'直接观察到，云室使我们能够看到所有参与碰撞的粒子的轨迹。这样一个中间有一块硼的云室现在接在加速器的开口上，一旦我们开启回旋加速器的工作，你就会亲眼看到原子核破裂的过程。"

"请你把电流打开好吗？"教授转向他的助手说，"我要调大磁场。"

　　启动回旋加速器需要一些时间，现在只剩下汤普金斯先生一个人在实验室里闲荡。他的注意力被一个复杂的大型放大管系统吸引了，这个系统闪烁着微弱的蓝光。由于完全没有意识到回旋加速器中产生的电压虽然还没有高到足以击碎一个原子核，却足以轻易地击倒一头牛。所以他向前倾着身子，以便更仔细地观察它们。

　　突然一声尖锐的爆裂声，就像驯狮人的鞭子响起了一样，汤普金斯先生感到一阵可怕的冲击传遍了他的全身。接着，眼前的一切都变黑了，他失去了知觉。

　　当他睁开眼睛时，他发现自己倒在了地板上，就在他被电流击中的地方。他周围的房间似乎是一样的，但里面所有的东西都发生了很大的变化。汤普金斯先生看到的不是高耸的回旋加速器磁铁、闪闪发光的铜连接件，以及每一个可能位置上的几十个复杂的电子设备，而是一张长长的木制工作台，上面摆满了简单的木工工具。在墙上那些老式的架子上，他注意到许多形状奇特的木雕。一个看上去很和善的老人正在桌边工作，汤普金斯先生更仔细地打量着老人的五官，他惊讶地发现，老人和沃尔特·迪斯尼的《木偶奇遇记》里的杰佩托老人以及挂在教授实验室墙上的已故卢瑟福勋爵的画像都很相像。

　　"请原谅我的冒昧，"汤普金斯先生从地板上站了起来，说道，"我当时正在参观一间核试验室，我身上似乎发生了一件奇怪的事情。"

　　"噢，你对原子核感兴趣，"老人一边说，一边把他正在雕刻的那块木头放在一旁。"那你算是来对地方了。我在这里制作各种各样的原子核，很乐意带你参观我的小工作室。"

　　"您说您制作原子核？"汤普金斯先生目瞪口呆地说。

　　"是的，当然。自然地，这需要一些技巧，特别是对于那些放射性原子核，它们甚至可能在你有时间给它们涂色之前就已经散架了。"

　　"给它们涂色？"

"是的，我用红色表示带正电的粒子，绿色表示带负电的粒子。现在你可能知道，红色和绿色是所谓的'互补色'，如果混合在一起，就会互相抵消。这相当于正负电荷的相互抵消。如果原子核是由数量相等的正电荷和负电荷快速地来回运动，它将是电中性的，在你看来是白色的。如果有更多的正电荷或更多的负电荷，整个系统将被涂成红色或绿色。很简单，不是吗？"

*读者必须记住，混合的颜色仅仅只与光线有关，而与颜料本身无关。如果我们把红色和绿色的颜料混合在一起，只会得到一种脏颜色。另一方面，如果我们把玩具的一半漆成红色，另一半漆成绿色，然后让它快速旋转起来，它看起来就是白色的。

"我在这里制作各种各样的原子核，很乐意带你参观我的小工作室。"

"现在，"老人将靠近桌子的两个大木箱展示给汤普金斯先生，继续说道，"我把制造各种原子核的材料放在这里。第一个盒子里有质子，这是一些红色的球。它们是相当稳定的，它的颜色是永久的，除非你用刀或其他东西刮掉它。我对第二个盒子里所谓的中子感到头疼。它们通常是白色的，或电中性的，但表现出强烈的变成红色质子的倾向。只要盒子关得紧紧的，一切都好，但一旦你拿出一个，看看会发生什么。"

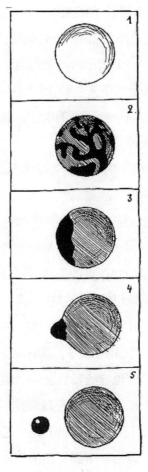

白色中子的变化过程

老木雕师打开盒子，拿出一个白球，放在桌上。有一阵子似乎什么事也没有发生，但就在汤普金斯先生快要失去耐心的时候，球突然活跃起来。它的表面出现了不规则的淡红色和绿色的条纹，一时间，它看上去就像孩子们非常喜欢的彩色玻璃弹珠一样。然后，绿色集中在一边，最后完全从球中分离出来，形成一个明亮的绿色小水滴，落在地板上。现在球本身变成了完全的红色，和第一个盒子里任何的红色质子没有区别。

"你看看发生了什么事，"他说着，从地板上捡起那滴绿色颜料，现在已经很硬很圆了。"中子的白色分裂成红色和绿色，整个物质分裂成两个单独的粒子，一个质子和一个负电子。"

"是的，"他看到汤普金斯先生脸上惊讶的表情，又补充道，"这个翡翠色的粒子只不过是一个普通的电子，就像任何原子中或任何地方的任何其他电子一样。"

"天哪！"汤普金斯先生叫道，"这绝对是我见过的最棒的手帕魔术。可是您能把颜色再变回来吗？"

"是的，我可以把绿色的颜料涂回红球的表面，让它变白，当然，这需要一些能量。另一种方法是刮掉红色的颜料，这也需要一些能量。然后从质子表面刮下来的颜料会形成一个红色的液滴，也就是一个正电子，你可能已经听说过它了。"

"是的，当我自己还是一个电子的时候……"汤普金斯先生开始说，但很快又忍住了。"我的意思是，我听说正负电子相遇时就会互相湮没。"他继续说，"您也能给我表演那个魔术吗？"

"哦，这很简单，"老人说，"但是我现在不会费劲去刮掉这个质子上的颜料，因为我早上的工作还剩下几个正电子。"

他打开一个抽屉，取出一个鲜红色的小球，用拇指和食指紧紧地夹住，放在桌子上那个绿色的小球旁边。一声尖锐的巨响，就像爆竹爆炸一样，两个球立刻消失了。

"你看到了吧？"木雕师说，吹着他那轻微烧伤的手指。"这就是为什么我们不能用电子来制造原子核的原因。我试过一次，但马上就放弃了。现在我只用质子和中子。"

"但是中子也是不稳定的，不是吗？"汤普金斯先生想起了最近的实验，问道。

"当它们独处的时候，是的。但当它们被紧紧地包裹在原子核内，并被其他粒子包围时，它们就会变得相当稳定。然而，如果有，相对来说，太多的中子，或太多的质子，它们可以自我转化，多余的颜料就会以负电子或正电子的形式从原子核中发射出来。这样的调整我们称之为 β 衰变。

"您制作原子核的时候用胶水吗？"汤普金斯先生饶有兴趣地问。

"完全不需要，"老人回答，"你看，这些粒子一接触就会自己黏在一起。如果你愿意，你可以自己试试。"

遵从这一建议，汤普金斯先生一只手拿一个质子，另一只手拿一个中子，小心地把它们放在一起。他立刻感到一股强大的拉力，看着这些粒子，他注意到一种极其奇怪的现象。粒子在交换颜色，一会儿红一会儿白。似乎红色颜料从他右手的球"跳"到左手的球，然后又跳回来。颜色的闪烁是如此之快，以至于两个球似乎是被一条粉红色的带子连接起来的，颜色沿着这条带子来回摆动。

"这就是我的那些研究理论的朋友们所说的交换现象。"老师傅说，他看到汤普金斯先生一脸惊讶的表情忍不住轻声笑了出来。"两个球都想变成红色，或者都想带上电荷，如果你想这样说的话，因为它们不能同时拥有电荷，所以它们交替地前后拉动电荷。它们都不想放弃，所以它们一直黏在一起，直到你用武力把它们分开。现在我可以告诉你，制造任何你想要的原子核都很简单。你想要什么

呢？"

"黄金。"汤普金斯先生说，想起了中世纪炼金术士的雄心壮志。

"黄金？让我看看，"老师傅转头看着挂在墙上的一张大图表，喃喃地说，"金原子核有 197 个单位重，带有 79 个正电荷。这意味着我需要 79 个质子加上 118 个中子才能得到正确的质量。"

他数了数粒子的数量，把它们放进一个长长的圆柱形的容器里，并且用一个沉重的木制活塞盖住。然后，他用尽全力把活塞往下推。

"我必须这么做，"他向汤普金斯先生解释道，"因为带正电荷的质子之间有很强的电斥力。一旦这种斥力被活塞的压力所克服，质子和中子将因为它们相互的交换力而黏结在一起，形成我们理想中的原子核。"

他把活塞压入到最里面之后，又把它取出来，迅速将圆柱形容器倒置。一个闪闪发光的粉红色的球滚到了桌子上，汤普金斯先生更仔细地观察着它，注意到粉红色是因为在快速移动的粒子之间红白闪烁的相互作用造成的。

"多么美丽！"他惊叹道，"这么说，这就是一粒金原子啦！"

"还不是原子，只有原子核，"老木雕师纠正了他，"要使原子完整，你必须增加适当数量的电子来中和原子核的正电荷，并在其周围形成常规的电子层。但是这很简单，只要周围有电子，原子核本身就会捕获电子。"

"真有趣，"汤普金斯先生说，"我岳父从来没有说过人们可以这么简单地造出金子。"

"啊，你的岳父和那些所谓的核物理学家们！"老人喊着，声音里透着一丝恼怒，"他们进行了一场精美的表演，但实际上却毫无能力。他们说，他们不能把分离的质子压缩成一个复杂的原子核，因为他们不能施加足够大的压力来完成这项工作。他们中的一个甚至计算出，需要施加月球的全部重量才能使质子黏在一起。好吧，如果月亮是他们唯一的麻烦，那他们为什么不去摘月亮呢？"

"但它们仍然产生了一些核转变（核转化）。"汤普金斯先生温柔地评论说。

"是的，当然，但很笨拙，而且程度非常有限。他们得到的新元素的数量如此之少，以至于他们自己都几乎看不到。我将会告诉你他们是怎么做的。说着，他拿起一个质子，用力朝桌子上的金原子核扔去。接近原子核外面的时候，质子的速度慢了一点，犹豫了一会儿，然后一头扎了进去。吞下质子后，原子核像发高烧一样颤抖了一小会儿，然后一小部分断裂了。

"你看，"他拿起碎片说，"这就是他们所说的α粒子，如果你仔细观察，你会发现它是由两个质子和两个中子组成的。这些粒子通常是从所谓的放射性元素的重原子核中喷射出来的，但是如果你足够用力地撞击它们，你也可以把它们踢出普通的稳定原子核。我还必须提醒你注意的事实是，留在桌子上较大的碎片已不再是金原子核；它失去了一个正电荷，现在变成了铂原子核，也就是元素周期表上金的前一个元素。然而，在某些情况下，进入原子核的质子不会使它分裂成两部分，结果你就会得到元素周期表中位于金后面的原子核，即汞原子核。把这些过程以及相类似的过程结合起来，人们实际上就可以把任何给定的元素转化成任何其他元素。"

"哦，现在我明白他们为什么要用回旋加速器产生的高速质子束了，"汤普金斯先生说，他慢慢开窍了。"可是您为什么说这种方法不好呢？"

"因为它的有效性非常低。首先，它们不能像我一样瞄准它们的炮弹，所以几千次发射中只有一次击中原子核。第二，即使是直接命中，炮弹也很可能会从原子核上弹回来，而不是穿透到内部。你

可能已经注意到，当我把质子扔进金原子核时，它在进去之前就有些犹豫，那时我就在想它可能会被扔回去。"

"那儿有什么东西能阻止炮弹进入呢？"汤普金斯先生感兴趣地问道。

"如果你记得原子核和轰击它的质子都带正电荷，你自己就会猜到的，"老人说。"这些电荷之间的斥力形成了一种不易跨越的障碍。如果轰击质子能够穿透原子核堡垒，那只是因为它们使用了类似特洛伊木马的妙计；它们不是以粒子而是以波的形式通过原子核的核壁的。"

"唉，您把我难住了，"汤普金斯先生悲伤地说，"您说的话我一句也听不懂。"

"我也是担心你无法理解，"木雕师笑着说，"说实话，我自己也是个手工艺人。我可以用我的双手做这些事情，但我也不是太擅长这些理论。然而，最主要的一点是，由于所有这些原子核粒子都是由量子材料制成的，它们总是能穿过，或者更确切地说，是漏过，通常被认为无法穿透的障碍物。"

"哦，我明白您的意思了！"汤普金斯先生叫道，"我记得有一次，就在我遇见莫德前不久，我去了一个奇怪的地方，那里的台球表现得和您所描述的完全一样。

"台球吗？你是说真正的象牙台球？"老木雕师急切地重复着。

"是的，我知道它们是用量子大象的象牙做的。"汤普金斯先生回答。

"唉，生活就是这样，"老人悲伤地说，"他们只是为了玩游戏而使用如此昂贵的材料，而我必须用普通的量子橡木雕刻出质子和中子，这些是整个宇宙的基本粒子！"

"但是，"他继续说，试图掩饰自己的失望，"我可怜的木制玩具和所有那些昂贵的象牙制品一样棒，我要让你看看它们是如何巧妙地穿过任何障碍的。然后，他爬上长凳，从最上面的架子上拿出一个非常奇怪的雕刻作品，看起来像一座火山的模型。"

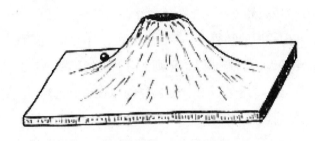

老木雕师的火山模型

"你在这里看到的，"他轻轻掸去灰尘，继续说道，"是任何原子核周围斥力屏障的模型。外部的斜坡对应于电荷之间的电斥力，火山口对应于使核粒子粘在一起的内聚力。如果我现在把一个球抛上斜坡，但没有足够的力使它越过顶峰，你自然会认为它会再滚回来。但看看实际发生了什么……"然后他轻轻抛了一下球。

"嗯，我看不出有什么异常，"汤普金斯先生说，这时球爬到半坡，又滚回桌上。

"等等，"木雕师平静地说，"你不应该指望第一次就能成功，"说着他又把球送上了斜坡。这一次，它又失败了，但在第三次尝试时，球突然消失了，就在它大约爬到斜坡一半的时候。

"那么，你认为它去哪儿了？"老木雕师带着魔术师的神气得意地说。

"您的意思是，它现在在火山口里？"汤普金斯先生问。

"是的，那正是它所在的地方。"老人说着，用手指把球捡了起来。

"现在，让我们反向进行，"他建议说，"看看球是否可以在不翻越顶部的情况下从火山里面出来。"然后他将球扔回了洞中。

有一阵子什么事也没发生，汤普金斯先生只能听到球在火山口里来回滚动的轻微隆隆声。接着，就像发生了奇迹一样，球突然出现在外面斜坡的中间，并静静地滚到了桌子上。

"你在这里看到的一切是在放射性物质α衰变中发生的事情。"木雕师说，他把模型放回原处，"只是在那里，不是普通的量子橡木屏障，而是电子斥力屏障。但是原则上没有任何区别。有时，这些电子屏障是如此的'透明'，以至于粒子可以在瞬间逃逸；有时它们太'不透明'了，需要花费数十亿年的时间，比如说铀原子核。"

"但为什么不是所有的原子核都具有放射性呢？"汤普金斯先生问。

"因为在大多数原子核中，火山口的底部都在外层水平面以下，只有在已知最重的原子核中，底部才足够高，使这种逃逸成为可能。"

老木雕师的量子小提琴

很难说汤普金斯先生在作坊里和那位和蔼可亲的老木雕师待了多少个小时，他总是那么热心地把他的知识传授给每一个到访的人。汤普金斯先生还看到了许多其他不寻常的东西，其中最奇特的一个是一个小心翼翼地关着的、但显然是空的盒子，上面贴有标签：中微子。小心轻放，别让它掉出来。

"这里面有什么东西吗？"汤普金斯先生一边问，一边在自己耳边摇晃着那个盒子。

"我不知道，"木雕师说，"有些人说有，有些人说没有。但你什么也看不见。那是我的一个研究理论的朋友送给我的一个精致的盒子，我不太知道该怎么处理它。暂时最好别去管它。"

汤普金斯先生继续参观，他还发现了一把落满灰尘的旧小提琴，它看起来实在是太旧了，想必是斯特拉迪瓦里的祖父制作的。

"您拉小提琴吗？"他转向木雕师，问道。

"只会拉伽马射线的曲调，"老人回答，"这是一把量子小提琴，它不能演奏其他任何东西。我曾经拥有一把量子大提琴，可以用来演奏光学曲调，但有人把它借走了，再也没有还回来。"

"好吧，请为我拉一首伽马射线的曲子吧，"汤普金斯先生说，"我以前从未听过。"

"我将为你演奏《升C调的小调》，"木雕师说着，把小提琴举到肩头，"但你必须做好准备，那将是一首非常悲伤的曲子。"

这音乐确实很奇怪，不像汤普金斯先生以前听过的任何音乐。这是海浪不停地拍打着沙滩的声音，不时被一种使他想起子弹呼啸声的尖锐曲调打断。汤普金斯先生并不是一个真正的音乐爱好者，但这首曲子对他有一种奇怪而强烈的影响。他舒舒服服地躺在旧扶手椅上，闭上了眼睛……

14 空无中的空洞

女士们、先生们：

今晚我将请求你们特别注意，因为我将要讨论的问题既困难又有趣。我要讲的是被称为"正电子"的新粒子，它们具有比寻常粒子更多的特性。值得注意的是，这种新粒子的存在在被实际探测到之前几年就已经在纯理论的基础上被预测出来了，而它们的发现在很大程度上得益于对其主要性质的理论预测。

做出这一预测的荣誉应属于英国物理学家保罗·狄拉克，你们已经听说过他，他的结论是建立在理论考量的基础上的，这些考量是如此奇怪和不可思议，以至于大多数物理学家在很长一段时间里都拒绝相信它们。狄拉克理论的基本思想可以用这几个简单的词来表达："真空中应该有洞。"我看你的表情很吃惊；当狄拉克说出这句重要的话时，所有的物理学家也是如此。真空的地方怎么可能有洞呢？这有什么意义吗？是的，如果有人暗示所谓的真空实际上并不像我们认为的那么空。事实上，狄拉克理论的主要观点在于假设所谓的真空，实际上是由无数的普通负电子以一种非常规则而均匀的方式聚集在一起构成的。毋庸置疑，狄拉克并不是由于纯粹的幻想才产生了这样一个古老的假设，而是他或多或少基于一些与普通负电子理论有关的考虑而不得不提出这个假设的。事实上，该理论得出了一个必然的结论，即除了原子中的量子运动状态外，还存在无穷多个属于纯真空的特殊"负量子态"，而且，除非有人阻止电子进入这些"更舒适"的运动状态，否则它们都将放弃它们的原子，可以这么说，它们将溶解在真空中。而且，进一步说，阻止一个电子去它想去的地方的唯一方法，就是让另一个电子"占据"这个特定的位置（记住泡利不相容原理），因此我们必须让所有这些真空中的量子态完全被均匀分布在整个空间的无穷多个电子填满。

我担心我的话听起来就像是某类科学的咒语，你不可能完全搞清楚这一切。这个主题确实很难，我只能希望，如果您继续专注地聆听，您最终能够对狄拉克理论的本质有一些了解。

嗯，无论如何，狄拉克得出了这样的结论：真空中充满了大量的电子，它们以均匀但无限高的密度分布着。为什么我们根本没有注意到它们，而把真空当作一个绝对空的空间呢？

如果你想象自己是一条悬浮在海洋中的深水鱼，你可能会明白这个问题的答案。即使鱼有足够的智慧来提出这样一个问题，它是否能意识到自己被水包围着？

这些话使汤普金斯先生从刚开始上课时打瞌睡的状态中清醒过来。他感觉自己有点像个渔夫，他能感觉到一股清新的海风吹过海面，还有轻柔地翻滚的蓝色海浪。但是，尽管他游泳游得很好，却不能停留在水面上，于是他开始越来越深地往海底下沉。奇怪的是，他并不觉得缺少空气，反而觉得很舒服。也许，他想，这是一种特殊的隐性突变的结果。

根据古生物学家的说法，生命起源于海洋，第一个出现在陆地上的鱼类先驱是所谓的肺鱼，它爬到海滩上，用鳍行走。根据生物学家的说法，这些最早的肺鱼，在澳大利亚被称为新角齿鱼，在非洲被称为原齿鱼，在南美洲被称为鳞翅目鱼，逐渐进化成陆生动物，如老鼠、猫和人。但是它们中的一些，像鲸鱼和海豚，在了解

了陆地上生活的所有困难之后，回到了海洋。回到水里后，它们仍保留了在陆地上奋斗时所获得的特质，它们仍然是哺乳动物，雌性在体内孕育后代，而不是只是产卵，然后让雄性受精。难道不是一位名叫利奥·西拉德的著名匈牙利科学家曾说过，海豚比人类更聪明吗？

狄拉克正在和一只海豚谈话

汤普金斯先生的思绪被一段对话打断了，这段对话是在大洋深处的某个地方进行的，对话的一方是一只海豚，另一方是一个典型的智人，汤普金斯先生认出这个人是剑桥大学的物理学家保罗·阿德里安·莫里斯·狄拉克（他见过狄拉克的一张照片）。

"你看，保罗，"海豚说，"你说我们不是在真空中，而是在由负质量的粒子构成的物质介质中。在我看来，水和真空（空的空间）没有任何不同；它是完全均匀的，我可以自由地向各个方向移动。然而，我从我的前前前前前辈那里听说了一个传说，陆地是非常不同的。有些山脉和峡谷是不费大力气是无法跨越的。在水中，我可以向任何我选择的方向移动。"

"如果就海水而言，你是正确的，我的朋友，"狄拉克回答，"水会在你的身体表面产生摩擦，如果你不移动尾巴和鳍，你就根本无法移动。此外，由于水压随着深度的变化而变化，你可以通过使身体膨胀或收缩来实现向上漂浮或向下沉。但是，如果水没有摩擦并且没有压力梯度，你就会像耗尽火箭燃料的宇航员一样无助。我的海洋，是由负质量的电子构成的，完全没有摩擦，因此是无法观察到的。物理仪器只能观测到其中某个电子的缺失，因为失去一个负电荷就等于出现了一个正电荷，所以即使库仑也能注意到。"

"但是，在将我的电子海洋与普通海洋进行比较时，我们必须提出一个重要的例外，以免被这种类推带得太远。关键是，由于构成我的海洋的电子受泡利原理的制约，所以当所有可能的量子能级都被占据时，没有一个电子能被加到那个海洋中去。这样一个额外的电子将只能保留在我的海洋的表面上方，并且很容易被实验员识别出来。首先由 J. J. 汤姆孙爵士发现的电子，那些围绕原子核旋转的电子，或那些飞越真空管的电子，就是这样过剩的电子。直到 1930 年我发表了我的第一篇论文之前，我们以外的空间都被认为是空的，人们认为，只有那些偶尔飞溅到零能量表面上的水花才具有物理现实意义。

"但是，"海豚说，"如果你的海洋因为它的连续性和无摩擦力而无法被观察到，那么谈论它又有什么意义呢？"

"好吧"，狄拉克说，"假设有某种外力把一个质量为负的电子从海洋深处提升到其表面以上。在这种情况下，可观察到电子的数量将增加一个，这将被认为违反了守恒定律。但是，海洋中那个被移走了电子的空洞现在是可以观察到的，因为在均匀分布中，没有负电荷就会被认为是有等量的正电荷存在。这个带正电的粒子也将具有正质量，并且将沿着与重力相同的方向移动。"

"你是说它会浮起来而不是沉下去？"海豚惊讶地问道。

"当然。我敢肯定，你已经见过许多物体在重力的作用下被拉到海底：从船上被抛下的东西，有时是船本身。但是看看这里！"狄拉克突然停了下来，"看到这些银色的小东西正在往水面上升起吗？它们的运动是由重力引起的，但它们沿着相反的方向运动。"

"但是那些只是泡沫，"海豚反驳道，"它们很可能是从含有空气的某些物体中逃逸出来的，这些物体因为撞到了底部的岩石而翻转或破裂。"

"你说得对，但你不会看到气泡在真空中飘浮。因此我的海洋不是空的。"

"很聪明的理论，"海豚说，"但这是真的吗？"

"当我 1930 年提出这个想法时，"狄拉克说，"没人相信它。这在很大程度上是我自己的错误，因为我最初认为这些带正电荷的粒子只不过是质子，质子是实验员都熟知的。当然，你知道质子质量是电子质量的 1840 倍，但我希望通过一些数学技巧，我能解释在给定力的作用下，增加加速度阻力，并从理论上得到 1840 这个数字。但它行不通，我的海洋中的气泡的物质质量将完全等于一个普通电子的质量。我富有幽默感的同事泡利到处宣扬他所谓的'第二泡利原理'。他计算出，你看，如果一个普通电子靠近一个从我的海洋中移走一个电子而产生的洞，它将在极短的时间内把洞填满。因此，如果一个氢原子的质子真的是一个'洞'，那么它会立即被围绕它旋转的普通电子填满，并且两个粒子都会在一道闪光中消失，我应该说，是一道伽马射线。当然，同样的情况也会发生在所有其他元素的原子上。现在，第二泡利原理要求物理学家提出的任何理论都必须立即适用于构成它身体的物质，这样我就会在有机会把我的想法告诉别人之前被湮没。就像这样！"狄拉克随着一束灿烂的辐射消失了。

"先生，"汤普金斯先生耳边响起一个恼怒的声音，"上课睡觉是你的权利，但你不应该打呼噜。教授说的话我一个字也听不见。"

汤普金斯先生睁开眼睛，又看见了拥挤的礼堂和老教授，老教授接着说：

"现在让我们看看当一个移动的洞遇到一个正在狄拉克的海洋中寻找舒适地带的多余电子时会发生什么。很明显，由于这样的相遇，多余的电子将不可避免地掉入洞中，并把它填满，而观察该过程的物理学家惊讶地将这一现象记录为一个正电子和一个负电子的相互湮灭。这过程中释放出来的能量将以短波辐射的形式释放出来，这个能量也代表着两个电子唯一剩余的部分，这两个电子就像著名的儿童故事中的两只狼一样互相吞噬。

但是，我们也可以想象一个相反的过程，在该过程中，在强大的外部辐射的作用下，由一个负电子和一个正电子组成的电子对'从无到有地被创造出来'。从狄拉克的理论来看，这样的过程只是把一个电子从连续的分布中踢出去，实际上不应该被看作是'创造'，而应该看作是两个相反电荷的分离。在我现在向你展示的图表中，电子的'创造'和'湮没'的两个过程用一种非常粗略的示意图来表示，你们可以看到，这事没有什么神秘的。我必须在此补充，虽然严格地说，生成电子对的过程可能在绝对真空中发生，但其可能性极小；你可能会说，真空中的电子分布太过平滑，以至于无法打破它。另一方面，在存在重物质粒子——它们是伽马射线深入电子分布的支撑点——的情况下，生成电子对的可能性大大增加，而且很容易被观察到。

然而，很明显，用上述方法产生的正电子不会存在很长时间，而且很快就会在与某个负电子的碰撞中湮灭，负电子在我们所处的这个宇宙的角落里拥有巨大的数量优势。这一事实解释了这些有趣

粒子相对较晚才被发现的原因。事实上，有关正电子的第一份报告直到 1932 年 8 月才发表（狄拉克的理论于 1930 年发表），加利福尼亚的物理学家卡尔·安德森在研究宇宙辐射时发现一种粒子，它们在各个方面都与普通电子类似，唯一重要的区别是它们带有正电荷而不是负电荷。此后不久，我们学会了一种在实验室条件下产生电子对的简单方法，即把一束强大的高频辐射（放射性伽马射线）发射到任何种类的物质中。"

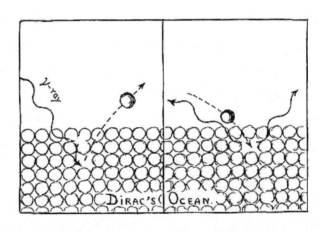

左图：电子对的生成　右图：电子对的湮灭

在下一幅图中，你们将看到所谓的宇宙射线正电子的'云室照片'，以及它们成对产生的过程的'云室照片'。但在此之前，我必须解释一下这些照片是如何获得的。云室，或者说是威尔逊云室，是现代实验物理学中最有用的仪器之一，它基于这样一个事实，即任何穿过气体的带电粒子都会沿其轨迹产生大量离子。如果气体中充满了水蒸气，微小的水滴就会凝结在这些离子上，从而形成沿着整个轨迹延伸的薄薄的一层雾。在深色背景上，用一束强光照亮这片雾蒙蒙的地带，我们就可以获得完美的图像，它展示了运动的所有细节。

现在投影在屏幕上的两张照片中的第一张是安德森拍摄的宇宙

射线正电子的原始照片，顺便说一下，这也是有史以来这种粒子的第一张照片。穿过图片的宽水平带是横跨云室放置的厚铅板，正电子的轨迹被看作是穿过铅板的一道细细、弯弯的划痕。由于实验过程中云室处于强磁场中，影响了粒子的运动，所以轨迹是弯曲的。我们利用铅板和磁场来确定粒子所携带的电荷的符号，这是基于以下论证的支持。我们知道，磁场产生的轨迹的偏转取决于运动粒子的电荷的符号。在这个特定的情况下，磁体的放置方式是使负电子向其原始运动方向的左侧偏转，而正电子向右偏转。因此，如果照片中的粒子向上运动，它可能带有负电荷。但如何判断它朝哪个方向移动呢？这时铅板就发挥作用了。粒子穿过平板后，必定失去了一些原有的能量，因此磁场的弯曲效应一定更大。在目前的照片中，轨迹在铅板下方弯曲得更厉害（乍一看几乎看不出来，但在测量铅板时可以看出来）。因此粒子是向下运动的，并且其电荷为正。

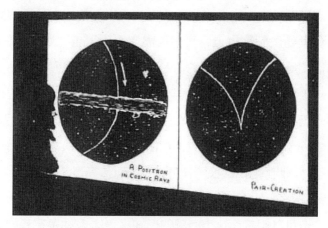

云室中得到的照片

另一张照片是由剑桥大学的詹姆斯·查德威克拍摄的，展示了在云室中产生电子对的过程。强烈的伽马射线从下方进入，并且在照片中没有产生任何可见的轨迹，但在云室中产生了一对电子对，

两个粒子正飞散开来，并且在强磁场的作用下向相反的方向偏转。看着这张照片，你可能会奇怪，为什么正电子（位于左侧）在穿过气体的过程中没有被湮灭。狄拉克的理论也给出了这个问题的答案，任何打高尔夫球的人都很容易理解。如果在果岭击球时用力过猛，即使你的目标是正确的，球也不会掉入洞中。实际上，一个快速运动的球只是简单地越过洞口，然后继续滚动。以同样的方式，一个快速运动的电子直到它的速度大大降低时才会落入狄拉克的洞中。因此，当正电子被轨道上的碰撞减速之后，它在其轨道末端被湮灭的可能性更大。事实上，仔细的观测表明，伴随任何湮灭过程的辐射实际上存在于正电子轨迹的末端。这一事实进一步证实了狄拉克的理论。

现在仍然有两个要点需要讨论。首先，我一直将负电子称为狄拉克海洋的溢出，把正电子称为海洋中的空穴。然而，我们可以把这种观点颠倒过来，把普通电子当作空穴，而使正电子扮演抛掷粒子的角色。要做到这一点，我们仅需假设狄拉克的海洋并未溢出，而且恰恰相反，总是缺少粒子。在这种情况下，我们可以把狄拉克的分布想象成一块有很多洞的瑞士奶酪。由于粒子的普遍短缺，这些洞将永远存在，如果其中一个粒子被抛出了分布，它将很快再次落回其中一个洞中。但是，应该指出的是，无论从物理还是数学的角度来看，这两幅图是绝对相等的，实际上，无论我们选择哪一幅，都没有区别。

第二点可以用下面这个问题的形式来表达："如果在我们生活的这个世界上，负电子的数量占绝对优势，那么我们是否可以假设在宇宙的其他部分，情况正好相反呢？"换句话说，对应于其他地方缺少这些粒子的补偿，就是狄拉克海洋在我们周围的溢流呢？

这个非常有趣的问题很难回答。事实上，由于绕着负原子核旋转的正电子所构成的原子具有与普通原子完全相同的光学性质，因此无法通过任何光谱观察来确定这个问题。就我们所知，形成大仙女座星云的物质很有可能是这种颠倒的物质，但是证明这一点的唯一方法是得到其中的一块物质，看看它在与地球上的物质接触时会不会湮灭。当然，肯定将会有可怕的爆炸发生！最近有一些关于在地球大气中爆炸的某些陨石是由这种颠倒的物质构成的可能性的讨论，对于这点，我是不太相信的。实际上，狄拉克海洋在宇宙不同部分的溢出和流动问题很可能永远得不到解答。

15 汤普金斯先生 享用了一顿日本餐

某一个周末，莫德去约克郡看望她的姨妈，汤普金斯先生则邀请教授去一家著名的寿喜烧餐馆吃饭。他们坐在一张矮桌旁的软垫上，品尝着日本厨房里的各种美食，用小杯子呷着清酒。

"告诉我，"汤普金斯先生说，"前几天我听塔列金博士在他的演讲中说，原子核中的质子和中子是由某种核力结合在一起的。这些力和原子中维持电子的力是一样的吗？"

"哦，不，它们不一样！"教授回答道，"核力是完全不同的东西。18世纪末，法国物理学家查尔斯·奥古斯丁·德·库仑首次详细研究了原子中的电子被普通静电力吸引到原子核周围。它们相对较弱，并且与距中心的距离的平方成反比地减小。核力是非常不同的。当一个质子和一个中子相互靠近但还没有直接接触时，它们之间实际上没有力。但是，一旦它们接触，就会出现一种非常强大的力量把它们连接在一起。这就像两根胶带，即使彼此之间隔得很近很近也不会互相吸引，但只要一接触就会像亲兄弟一样黏在一起。物理学家称这些力为'强相互作用'。它们与这两个粒子所带的电荷无关，并且在质子—中子对，两个质子或两个中子之间具有相同的强度。"

"有什么理论可以解释这种力吗？"汤普金斯先生问。

"哦，是的。在三十年代早期，汤川秀喜提出，它们是因为两个核子之间交换了一些未知的粒子而产生的；核子是质子和中子的总称。当两个核子靠得很近时，这些神秘的粒子就开始在它们之间来回跳跃，从而产生一种强大的结合力把它们连在一起。汤川从理论上估算出了它们的质量，大约是电子质量的 200 倍，或者是质子或中子质量的十分之一。

因此他们称它们为"介子"。后来，维尔纳·海森堡的父亲，古典语言学教授反对这种对希腊语的侵犯。你看，"电子"这个名字来自希腊语 hlektrou，意思是琥珀，而"质子"来自希腊语 prwtou，意思是第一。但是汤川粒子的名字来源于希腊语 mesou，意思是中间，没有字母 r。因此，在一次国际物理学会议上，海森堡提议将"mesatron"改名为"meson"。这遭到了一些法国物理学家反对，这次与拼写无关，因为 meson 听起来像"maison"，法语中是"家"或"房子"的意思。但是他们的意见被否决了，现在"meson"一词已经地位牢固了。快看舞台，马上就有一场介子戏表演了！

的确，六名艺妓走了出来，开始玩槌球游戏，她们手里拿着两个杯子，把球抛来抛去。一个男人的脸出现在背景中，唱道：

> 因为一个介子，我获得了诺贝尔奖，
> 我宁愿把这个成就最小化。
>
> 啊，横滨，
> 哦，富士山
> 因为一个介子，我获得了诺贝尔奖。
> 他们打算在日本把它称为汤川子。
> 因为一个介子，我获得了诺贝尔奖，
> 我宁愿把这个成就最小化。

啊，横滨，

哦，富士山

因为一个介子，我获得了诺贝尔奖。

他们打算在日本把它称为汤川子。

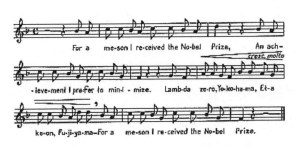

"但是为什么会有三对艺妓呢？"汤普金斯先生问。

"她们代表了介子交换的三种可能性，"教授说，"介子可能有三种：带正电的、带负电的和电中性的。或许它们三种都参与了核力的生产。"

"所以现在有了八种基本粒子，"汤普金斯先生掰着指头数，说，"中子、质子(正电子和负电子)、负电子和正电子，还有这三种介子。"

"噢！"教授说，"不是八种，而是接近八十种。首先发现有两种介子：重介子和轻介子，它们由希腊字母 p 和 m 表示，分别被称为π介子和μ介子。π介子是在大气的边缘，由高能质子撞击形成空气的气体的原子核而产生的。但是它们非常不稳定，在到达地球表面之前就分解成了μ介子和其中最神秘的粒子——中微子，它们既没有质量也没有电荷，只是能量的载体。μ介子的寿命稍微长一些，大约几微秒，因此它们能够到达地球表面，并在我们的眼皮底下衰变为普通的电子和两个中微子。此外，还有一些由希腊字母 K 表示的粒子被称为'K 介子'。"

"这些艺妓在她们的游戏中使用了哪种粒子呢？"汤普金斯先生问。

"哦，很可能是π介子，中性的介子，那些是最重要的，但我不确定。现在几乎每个月都会被发现的大多数新粒子寿命都很短，以至于即使以光速移动，它们也会在距其起源几厘米的距离内衰变，所以甚至被送入大气层内的装置也无法探测到它们。"

三个艺妓正在玩一种不寻常的槌球游戏

"但是，我们现在拥有功能强大的粒子加速器，可以将质子加速到与它们在宇宙射线中达到的同样高的能量：数十亿电子伏特。其中一台名为 Lawrencetron 的机器就在这儿附近的山上，我很乐意带你去看看。"

汽车开了一小段路就把他们带到了一幢装有粒子加速器的大楼前。进入大楼后，这个巨型装置的复杂性给汤普金斯先生留下了深刻的印象。但是，正如教授向他保证的那样，它在原理上并不比大卫用来杀死歌利亚的弹弓更复杂。带电粒子进入这个巨型鼓的中心，并沿着展开的螺旋轨迹运动，通过交替的电脉冲加速，并在强磁场的作用下保持在一条直线上。

汤普金斯先生说："我想我以前见过类似的东西，几年前，当我参观回旋加速器时，他们曾把回旋加速器称为'原子加速器'。"

"哦，是的，"教授说，"你以前见过的那台机器最初是劳伦斯博士发明的。你在这里看到的这台机器是基于同样的原理，但是它不是把粒子加速到几百万伏特，而是把它们加速到数十亿伏特。其中两台是最近在美国建造的。其中一台位于加州伯克利，被称为Bevatron，因为它产生的粒子具有数十亿电子伏特的能量。这是一个严格的美国名字，因为在那个国家'十亿'就是1000个100万。在英国，'十亿'的意思是一百万的一百万，而在古老的英格兰，还没有人试图达到这个目标。另一个美国的粒子加速器位于长岛的布鲁克海文，它被称为'宇宙加速器'，这个名字有点夸张，因为自然宇宙射线的能量通常比宇宙加速器所能提供的能量高得多。在欧洲，在欧洲核子研究中心，他们已经建造了可与美国的两个加速器相媲美的加速器。在俄罗斯，离莫斯科不远的地方，还有一种类似的机器，那就是众所周知的赫鲁晓夫加速器，现在可能会被重新命名为勃列日涅夫加速器。"

环顾四周，汤普金斯先生注意到一扇门上挂着一块牌子：

阿尔瓦雷斯的液态氢
沐浴设施

"那边是什么？"他问。

"啊！"教授说，"劳伦斯加速器产生了越来越多的不同的基本粒子，它们的能量越来越高，我们必须通过观察它们的轨迹来分析它们，计算它们的质量、生命周期、相互作用和许多其他性质，比如奇异性、奇偶性等等。"在过去，人们使用由1927年获得诺贝尔奖的 C. T. R. 威尔逊发明的所谓的云室来观察。当时，物理学家正在研究的具有几百万电子伏特能量的快速带电粒子，它们被射入装有玻璃顶的腔室，玻璃顶几乎充满了被水蒸气饱和的空气。当容器的底部被猛拉下来，里面的空气因膨胀而冷却，水蒸气变得过于饱和。因此，一小部分水蒸气必须凝结成微小的水滴。威尔逊发现，这种蒸汽凝结成水的速度在离子（即带电的气体粒子）周围要快得多。但是，气体是沿着带电的发射体穿过腔室的轨迹电离的。因此，在腔室侧面的光源照射下，雾化的条纹在涂成黑色的腔室底部上变得清晰可见。你一定记得我在上次课上展示过这些照片。

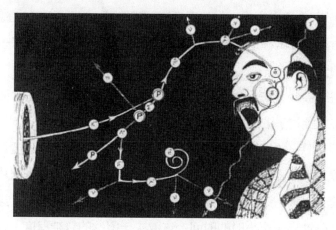

粒子像兔子一样繁殖

"现在，在宇宙射线粒子的情况下，能量比我们以前研究的要大一千倍，情况不同了，因为它们的轨迹太长，以至于充满空气的云室太小而无法从头到尾跟踪它们的轨迹，只能观察到整个图像的一小部分。

最近，一位年轻的美国物理学家唐纳德·A. 格拉泽向前迈出了一大步，他因此获得了 1960 年的诺贝尔奖。根据他的故事，有一次他闷闷不乐地坐在酒吧里，看着面前的啤酒瓶里冒出的气泡。好吧，

他突然想，如果 C. T. R. 威尔逊能研究气体中的液滴，为什么我不能做得更好呢？为什么我不能研究液体中的气泡呢？"

"我不打算讨论技术细节，"教授继续说，"也不打算讨论与这个小玩意儿的设计有关的困难。这一切都超出了你的能力范围。但结果是，为了正常运行，我们现在所说的气泡室里的液体必须是液态氢，它的温度比水的冰点低大约 550 华氏度。隔壁房间里有一个大容器，是路易斯·阿尔瓦雷斯建造的，里面装满了液态氢；他们通常称它为'阿尔瓦雷斯浴缸'。"

"嗯……这对我来说有点冷！"汤普金斯先生叫道。

"哦，你不必进去。你只需透过透明墙壁观察粒子的轨迹。"

浴缸一如既往地运转着，四周的照相机在闪光灯拍下了一系列连续的快照。

浴缸被放置在一个大的电磁铁里面，它可以弯曲轨迹从而使人们能够估计粒子的运动速度。

"只要几分钟就能拍出一张照片，"阿尔瓦雷斯说，"只要设备不出故障，不需要维修，一天就能拍出几百张照片。每一张照片都要仔细检查，每一条轨迹都要仔细分析，曲率也要仔细测量。这可能需要几分钟到一个小时的时间，这取决于照片的复杂程度，以及女孩分析照片的速度。"

"你为什么说'女孩'？"汤普金斯先生打断了他的话。"这纯粹是女性的职业吗？"

"哦，不，不，不，"阿尔瓦雷斯说，"这些工作人员中许多实际上是男孩。但在这类业务中，我们使用'女孩'这个词来泛指，并不是指性别，只是简单地将'女孩'作为效率和精确度的代表。当你说'打字员'或'秘书'时，你想到的是女人而不是男人。好吧，要当场分析从我们实验室获得的所有照片，我们将需要数百名女孩，这将成为一个问题。因此，我们把大量的照片寄给了其他大学，这些大学没有足够的钱来建造这样昂贵的设备，却买得起分析我们照片的设备。"

"这里是唯一一从事这项工作的机构吗？"汤普金斯先生问道。

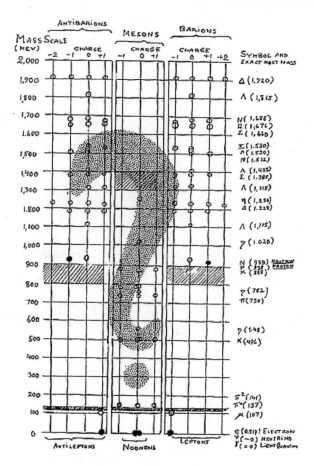

比门捷列夫的元素周期表复杂多了！

"哦，不是的！纽约长岛的布鲁克海文国家实验室也有类似的机器；在瑞士日内瓦附近的 CERN（欧洲核子研究中心）实验室，在俄罗斯莫斯科附近的 Shchelkunchik（胡桃夹子）实验室。他们都是在

大海捞针，天哪，他们偶尔也能找到一根！"

"可是为什么要做这些工作呢？"汤普金斯先生惊奇地问。

"要找到新的基本粒子，这比大海捞针还难，还要研究它们之间的相互作用。这面墙上挂着的这张粒子图，它包含的粒子数量已经超过了门捷列夫元素周期表中元素的数量。"

"但是为什么要花这么大力气去寻找新粒子呢？"汤普金斯先生问。

"嗯，这就是科学，"教授回答道，"人类总是试图理解自己周围的一切，无论是巨大的星系、微小的细菌，还是这些基本粒子。这总是非常有趣而激动人心的，这也是我们为什么要做这些的原因所在。"

"但是，科学的发展难道不是为了提高人们的舒适和福祉这样的实际目的吗？"

"当然是的，但这只是一个次要的目的。难道你认为音乐的主要目的是让号手在早上唤醒士兵，叫他们吃饭，还是命令他们上战场？他们说'好奇害死猫'；我说'好奇心造就科学家'。"

教授一边说着，一边祝汤普金斯先生晚安。

中小学科普经典阅读书系